面包

U0155354

的基础知识

日本株式会社枻出版社 编

黄晔 译

北京出版集团

北京美术摄影出版社

目　录

* 书中插图系原文插图。
* 书中涉及的餐厅地址、电话、营业时间等为编者截稿时的信息,实时信息请另行查询核实。

接近面包的秘密

4个关键词

以原料、文化、吃法、
做法为线索，
深入探究面包的世界

吃上一口就感觉幸福满满的面包，你想要更了解自己喜爱的面包吗？
从一粒小麦种子在泥土中生根发芽、茁壮成长，到结出果实磨成小麦粉。
面粉中加入酵母、水和盐进行发酵，各种各样的面包就像变魔术一样诞生了。
你平时吃的面包是怎么做成的，其中又蕴含着哪些故事呢？
就让我们从4个关键词开始走进面包的世界吧！

关 键 词

1

面包其实是一种简单的食物

面包是
用什么 制作的呢？

面粉、酵母、盐和水，最简单的面包原料就只有这几种。
然而，通过不同的组合又能够创造出无限的可能性。
想要弄懂面包，就要先了解这些原料。

**发酵是
酵母产生的
奇迹**

**面粉
来自农田**

制作面包所用的面粉来自
小麦地的收获。让我们一
起来了解一下，制作面粉
的全过程吧

面包能够如此松软是
因为面团经过了发
酵。酵母到底是什
么？让我们一起解开
这个朴素的疑问

日本的水是软水，而欧洲的水
是富含矿物质的硬水。可以说
"本地面包的味道"由本地的
水质决定

**盐是面包面团
重要的伙伴**

**不同地方的
水也能改变面包
的味道吗**

在面包面团中盐的比例只
占2%，可是盐对于调味
和紧致面团起到了不可或
缺的作用

意大利面包和红酒一样具有鲜明的地方特色，有时候同一种面包会有很多不同的叫法。我们熟悉的佛卡夏据说就是比萨的原型

在法国家庭里最受欢迎的是法棍面包。但当地人还喜欢把烤好的法棍泡在牛奶咖啡里吃

接 触 世 界 各 地 的
面 包 文 化

法棍、贝果、佛卡夏……
我们每天有意无意间吃到的各种面包，它们都是从哪儿来的呢？
了解面包的故乡及其诞生国独特的吃法，一定会让你越发喜爱日常吃的面包，
吃起来也会更有滋有味哦！

说到诞生在日本的面包，那应该就是豆沙面包、果酱面包和奶油夹馅儿面包。面包是如何在日本成长并逐步被大家喜爱的呢？让我们一起回顾日本面包的历史吧

据说黑麦面包在德国成为主流是因为黑麦的耐寒力极强。此外，德国面包的象征——布雷茨也很有特色

面包那点儿事
还要请教面包师！

每天吃的主食面包
怎么吃才好吃？

每天出现在餐桌上的表皮脆硬的主食面包，
既可以涂抹果酱，又可以搭配奶酪和火腿，
还能用于烹调其他菜肴。多种多样的搭配组合是
它最大的魅力所在。
让我们向面包师请教他们独门的珍藏吃法吧！

夹的只有
黄油和盐……
不过，这可是
极致美味！

变硬的面包
也可以成为
一道美味！

关 键 词

3

关 键 词

4

喜欢面包的人要去这里
自己在家烤面包吧！

想自己烤出最爱的面包！
喜欢面包的人最后都会自己亲自动手烘焙可口的面包。
就算是日常工作繁忙腾不出手的人也可以
先从简单的面包开始哦！

微波炉10分钟
搞定？！没时间
的时候，不用发
酵的快手面包也
OK！

休息日就唤醒
天然酵母，
烤一个味道醇厚
的面包吧！

特别访问

白 崎 裕 子

①

简介

白崎 裕子

生于东京,曾担任过逗子市的自然食品店"阴阳洞"主办的纯天然面包&甜点教室"INZUYANZU茶会"的主讲老师。
之后在叶山海边的古民居里办起了有机料理教室"白崎茶会"。以日本首都圈为中心,参加者来自全国各地。著作
有《日本的面包和田里的汤》《日本的面条和太阳的米饭》(均为WAVE出版)。

用日本本土的面粉制作
走心的面包和生活

踏着四季的旋律将面包呈上餐桌

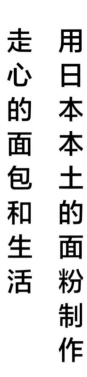

"白崎茶会"是讲究使用有机食材的料理教室,在这里能愉快地学习制作面包、面条、蔬菜料理和甜品。学员有来自全国各地的女性朋友

在一座拥有80多年历史,能够望见大海的古民居里,白崎裕子主持的有机料理教室"白崎茶会"开课了。使用日本本地面粉、有机天然酵母、日本的海盐和日本的水,制作好吃的面包。"日本有日本自己的美味面包——"在这里你能学到一些因为简单而被忽视的关键环节。

春季面包

松软的圆面包搭配什么吃都可以。口感软糯，口味柔和，是餐桌上不可或缺的美味。搭配果仁、黄油和豆泥都不错。

秋季面包

天气一转凉就想烤来吃的有机天然酵母球形面包。原料只有面粉、酵母和盐。因为面包比较大，所以可以切片之后冷冻。

冬季面包

馒头和花卷是寒冬的最佳伴侣。上层蒸馒头和花卷，下层蒸蔬菜。"感觉餐桌被蒸笼占据了"

只使用当地的面粉和当地的食材

在容易忽视的细节上多用心

夏季面包

全麦粉烤饼（→P12）在冰箱里发酵一个晚上，可以分几次来烤。炎热的夏季，比较推荐这种省时省力的面包。100%全麦粉，既营养又健康

"平底锅是铁制的对吧，要一直加热到它冒烟。用大火快速烤制。面饼膨胀之后翻面，烘烤另一面。烤出漂亮的焦黄色就可以出锅了！"

从点火到出锅只用了两分钟，冒着热气的焦黄色烤饼是白崎老师最钟爱的夏季面包。拿起来吃上一口你会发现，烤饼要比看起来更加蓬松软糯，全麦粉的焦香充满了整个口腔。

"好吃……"

所有人都很惊讶，这竟然是使用日本本地面粉制作的面包，如此美味的背后到底藏着什么样的秘密呢？

白崎从 10 年前就开始使用本地面粉制作面包了。本地面粉就是用本地出产的小麦制作的，在日本也叫乌冬粉。当时在埼玉县开办料理教室"摩登茶会"的时候，白崎结识了当地生产无农药有机蔬菜的"菜园·田野之门"。

"之前我一直都用市场上销售的面粉，后来我使用田野之门的本地面粉制作面包，发现味道非常棒。不过，本地面粉还是口感'偏硬'。所以我想了各种办法，希望能做出松软的面包。"

最后她真的做出了蓬松软糯的面包，而且食谱超级简单。只要掌握了技巧，所有人都能轻松完成。

需要准备的只有日本本地面粉、有机天然酵母、海盐和水。日本各地的农村基本都加工面粉，使用当地面粉就可以。"白崎茶会"主要使用的是，逗子市自然食品店"阴阳洞"销售的福冈产的面粉。

"从前在日本，提到小麦粉就只有本地产的。但是日本人不怎么使用本地面粉。法国人使用法国的面粉、水和盐制作出好吃的法国面包。印度人用印度的面粉、水和盐制作出好吃的烤饼。同理，使用日本自产的面粉、海盐和水制作面包，绝对没问题。而且一定是符合日本习惯、日本人体质和口味的面包。"

另外还有一个关键的要素不能忘记，那就是我们热爱的日本四季。

夏天制作面包的速度很关键。由于温度很高，要趁着面团没有泄劲前，尽早擀开

"夏季有夏季的面包，冬季也有最适合冬季的面包。夏季天热只需要发酵一次，烤的时间也比较短。相反冬季寒冷，就要选择用烤箱长时间烘烤的面包或者蒸制的面包。不同的季节搭配不同的面包。"

使用日本食材，顺应四季的变化制作和享用面包。只要在那些容易忽视的细节上多花一点儿心思，不仅面包会变得更加美味，制作面包的过程也将会充满乐趣。

食谱

白崎老师亲授
日本的面包和面包之友

全麦粉烤饼

简单好做的烤饼，人人都想学！
一次做一张也可以，想吃多少做多少。

【材料】

全麦粉……250 g　　　温水……155 mL（需要适当调整）
有机天然酵母……1 g　　海盐……4 g

【做法】

① 将全麦粉和有机天然酵母放入盆中快速搅匀。在中间戳一个洞加水，再用勺子搅拌。
② 在盆中加入海盐，用手揉面约1分钟（图Ⓐ）。
③ 将面团分成6等份揉圆，分别包上保鲜膜（图Ⓑ），装进塑料袋（或带盖的密封盒），放入冰箱的蔬菜格，静置一晚发酵。
④ 在面团上沾一些薄面（全麦粉，分量之外），先用手展平，再用擀面杖擀到2 mm厚。
⑤ 在平底锅里倒一些菜籽油（或橄榄油，材料之外）加热，放入做好的饼坯烤制。鼓出气泡后翻面，烤到焦黄色即可（图Ⓒ）。

Ⓐ 要点就是先放入温水快速搅拌，再加入海盐

Ⓑ 把面团分成小份，吃多少烤多少

Ⓒ 表面鼓起气泡后翻过去烤另一面

黑豆泥

这道豆泥很适合搭配全麦粉制作的烤饼，与咖喱泡菜一起食用也很美味。

【材料】
黑豆（干）……150 g
A｛
大葱……约100 g（1根）
大蒜末……1/2瓣
菜籽油……2大勺
橄榄油……1大勺
芝麻酱……1大勺
柠檬汁……1大勺
酱油……1大勺
海盐……1小勺
最后使用橄榄油、黑胡椒……适量

【做法】
① 将黑豆放入筛子，用水充分清洗后入锅。加入约豆子3倍量的水（材料之外）泡发两小时左右。
② 将①用中火加热，水开后转小火，撇去浮沫，煮50~60分钟，直至豆子变软。把煮豆子的水滤掉。
③ 趁热在豆子中加入材料A，用手持搅拌棒（或料理机）搅拌至细腻顺滑。过程中可以适量加入煮豆子的汤汁来调节稀稠，加入海盐调味。最后再撒上橄榄油和黑胡椒。

豆子要趁热快速搅拌，直到细腻顺滑为止。加入煮豆子的汤汁，颜色也会变得更诱人

咖喱泡菜

简单好做的洋葱泡菜，能在冰箱里保存两个月。

【材料】
洋葱……约300 g
大蒜……1瓣

【调味料】
咖喱粉……10 g
纯米醋……150 g
水……150 g
龙舌兰糖浆（如果没有可用枫糖浆代替）……25 g
淡味酱油……1大勺
海盐……1小勺

【做法】
① 洋葱切薄片，放入密封罐。
② 大蒜去皮，切一个口子入锅，加入调味料中火加热，沸腾后用小火再加热约5分钟。
③ 将做好的调料汁趁热倒入密封罐。

用热的调料汁浸泡洋葱，既可以去除洋葱的辣味又可以让甜味释放出来。调料汁一定要完全没过洋葱才行

油浸半干小番茄

用菜籽油和橄榄油混合而成的。没有任何怪味儿，作为下酒菜也不错。

【材料】
小番茄……2包（300 g）
海盐……小番茄分量的2%
大蒜……1瓣
朝天椒……1根
菜籽油（水洗）和橄榄油按照2：1的比例混合……适量
香叶……1片

【做法】
① 把小番茄从中间切开一分为二，往切口处撒海盐腌制30分钟。之后用厨房纸把析出的水分吸干，放入预热到150℃的烤箱中烘烤30分钟，取出放凉。
② 完全冷却之后，再放进烤箱140℃烘烤30分钟。
③ 大蒜去皮，切开一个口子，朝天椒剖开去籽。把大蒜、朝天椒、小番茄和香叶放入密封罐，加入足量的菜籽油和橄榄油，没过小番茄。第二天就可以食用了。

小番茄要竖着切，这样里面的籽容易出来。一定要切在籽的位置，去除籽可以加速干燥

特 别 访 问

②

Signifiant Signifie

使用海洋深层水的法棍面包、加入大量亚麻籽的方包等，都浓缩了主厨的情感

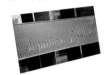

有些面包让你看到的瞬间就感觉精神抖擞，那是因为面包师把他的情感传递给我们了。用心倾听这家店的面包，会有很多精彩的故事等着你。

作为每日的主食，保持身体健康

人的身体状况取决于所吃进去的食物——在今天这个时代，有多少人不需要解释也能很好地理解这个事实呢？尽管是理所当然的事儿，但我们偶尔还是会忘记，总喜欢漫不经心地甚至是满不在乎地按照习惯去选择食物。

可是，吃到这家店的面包，估计很多人都会为之一振，从而改变以往对面包的看法。这家店的面包总能带给食客们满满的正能量，那是因为面包师将自己真挚的情感融入面包之中传达给了我们。

东京·世田谷的"Signifiant Signifie"，志贺胜荣主厨制作的面包使用国内外精选食材，绝对适合成为我们每日的主食。

"最近，时常都能听到'有机'这个词，可是这些食物进口到日本都被征收了高额的关税，而且直接反映到了价格上，结果在日本'有机'就成了高价的代名词。"

不过，正因为食物决定了身体状况，所以选材更不能将就。面包就算贵一些也不必太纠结。试想一下，购买一条 1000 日元的面包，每天一片可以吃一周，这样算下来也没有很贵。而这个面包对于保持身体健康却有很高的价值。

这是厨师的想法。吃东西不是什么特别的行为，和我们呼吸、睡眠一样，都是一种正常的生理行为。"吃好的东西"的意识不仅可以改变我们的身体，还能慰藉我们的心灵。

你的心

有理由打动

那只面包

探讨日本的面包文化

简介

志贺胜荣

曾经在 ART COFFEE 工作过，之后担任代官山"Cafe ARTIFAGOSE"面包主厨，同时兼任"patisserie peltier"（东京·赤坂）和"JUCHHEIM DIE MEISTER 丸之内大楼店"（东京·丸之内）面包主厨 和"Fortnum & Mason"（东京·日本桥）的面包主厨。2006 年 10 月于东京世田谷区开设"Signifiant Signifie"手工面包店。

大个的硬质面包、小面包、简单的法棍面包、主食面包等，店里出售的面包种类相当丰富。因为是店面销售，关于味道和推荐的吃法都可以直接向员工们咨询

所谓药食同源的面包，
就是作为每日的主食保持身体健康

增加了胚芽和麦麸的黑面包，包含的膳食纤维是普通全麦面包的3倍

通过亲身体验改变对吃的看法

比如说大量使用含有亚麻籽的主食方包，只需要两片就可以摄取到成年人预防疾病每日所需的 α－亚麻酸的量，这款面包也是店里的招牌产品。志贺主厨自己对此也深有体会，"连续吃亚麻籽一个月，一定会看到效果，身体状况会得到明显的改善"。

厨师在制作面包时非常注重"药食同源"。归根结底就是希望通过饮食来预防疾病，保持健康。当问到主厨自己是什么时候开始有这种想法的，那还要从他的一次经历说起。

"10年前，我的一位同事患癌症去世了。我当时很想用自己烤的面包让他恢复健康，但为时已晚。那之后我对饮食和健康的看法就改变了。"

食物决定了身体状况，也就是说生病也是由饮食造成的。从他意识到这个关键点开始，选择食材的标准和对吃的讲究也提高了一个层次。

现在他仍然在食材店的搭配组合上做着不懈的努力。

"我正在研究一种减少小麦含量的低糖面包。计划今年秋天开始向一所大学医院的糖尿病患者

冰箱里存放的都是法国MOF（法国最佳手工业者奖）销售商出售的珍藏级奶酪

特别
访问
❷

Signifiant
Signifie

员工们喜欢的水素水（左）和亚麻籽（上）。水素水当中去掉了对身体有害的氧自由基，亚麻籽有改善过敏、抗衰老、减肥等多种功效

店铺的地窖内存放着各种红酒，价格非常亲民

Signifiant Signifie
东京都世田谷下马2-43-11 1F
☎03-3422-0030
营业时间：11：00~（向店铺咨询）
休息日：不定休
最近的车站：东急田园都市线三轩茶屋站

们供应。"

就好像在说"一切从面包开始"，并不是面包选择了食客，而是面包在不断适应人类的要求。在它柔软的质感当中我们看到了主厨提倡的"药食同源"的精髓。

"店里的员工每天轮流给大家做工作餐，有一点大家是一致的，就是绝对不用加工食品。而且每个人都做得又快又好哦！"

主厨的想法已经影响了员工，水素水、里海酸奶、黑醋等，员工家的厨房里也全都是对身体有益的食品。而且这些食品的风味和对身心的影响，所有的员工都亲身感受到了。就算是吃对身体有益的食品，如果不能坚持也没有意义。与此同时，如果不好吃，就没办法坚持。正因为员工们已经深刻领悟了这些道理，所以这家店主打的健康和美味才更有说服力。

正如"良药苦口"这个成语所说，未必所有对身体有益的东西都好吃。不过主厨已经尽力将两者最大限度地结合，在口味方面也是格外讲究。当然，他的这种想法并不仅限于面包，其他相关的食物，比如奶酪和红酒等也都有所体现。

"面包不是单独食用的，一般都会搭配奶酪和红酒等。如果能为食客们提供一些优秀的组合，那是最理想的了。"

芬兰

在寒冷国度也方便存放的黑麦面包。形状和口味都很丰富

丹麦

大量黄油打造出的松脆口感，这是酥皮面团最大的魅力

英国

下午茶和早餐时经常登场的英国名品面包

德国

具有独特酸味和风味的黑麦面包，一种让你爱上就离不开的主食面包

中国

雪白暄软的蒸馒头，中国的基本款面包

意大利

和比萨一样，午餐不可或缺的帕尼尼面包

法国

熟悉的味道，香脆可口的法棍面包和乡村面包

亚洲·中东：印度·叙利亚……

在口袋形状面包里面夹入各种美味的皮塔三明治等，主打烤饼类面包

※后面介绍的面包 数据 当中，有"硬系"和"软系"的标记，这是参考一般原料的配比和制作方法大致做的分类，有可能在不同条件下产生变化。

美 国

反映多样文化的纽约的
贝果面包和汉堡包专用
的汉堡面包

墨 西 哥

广泛种植玉米的国家独
有的墨西哥卷饼

巴 西

日本人也很喜欢的混入
木薯粉的巴西奶酪面包

世界面包图鉴

我们常吃的那款面包
原来是这样的

作为世界主食发展至今的面包，
不同的文化背景之下诞生了各种面包，
它们的食材、口感、大小和嚼劲各不相同。
这一章我们就把日本能见到的以及世界各地的面包
按照不同的国家背景来一次汇总介绍吧！

监督·石泽真依子

法 国

FRANCE

使用小麦制作的面包是主流

在历史悠久的欧洲面包当中，日本人最熟悉的就是法国面包了。在日本，一说到"法国面包"，就会想到用小麦粉、水、盐和酵母制作的长棍面包、巴塔面包、田园风的乡村面包等。除此之外，还有牛角面包、布里欧修面包等使用黄油的口感丰润的面包，使用黑麦粉的黑麦面包也很受欢迎。

长棍面包是最受法国家庭欢迎的面包，法语就是"棍子"的意思，面包长度70 cm~80 cm，在法国面包中也算是细长的。面包的外壳被烤得又香又脆，特别诱人，如果放的时间太长，会吸收水分，口感也会随之变差。面包表面的切口是为了在烤制的时候疏解内部的压力，让面包的形状更漂亮。法国人都说切口展开得越好看味道越好。

数据
类型：硬系　主要原料：小麦粉

长棍面包

切开

推荐吃法
可以涂抹黄油和果酱来吃，做开放式三明治也不错，或者是纵向切开一个口子做三明治。当然也可以用它来打扫餐盘里美味的汤汁。

推荐吃法
可以切薄片，如果想充分感受面包的口感，就切厚一些。还可以搭配喜欢的食材做成开放式三明治。

Batard法语是"中间"的意思，比长棍面包短一些，属于短粗型的法式面包。和长棍面包所使用的面团是一样的，但因为它比较粗，所以里面软糯的部分比较多，在日本比长棍面包更受欢迎。

[数据]
类型：硬系　主要原料：小麦粉

巴塔面包
Batard

推荐吃法
用手揪着吃，口感脆爽，当作午饭肯定没问题。当作面包用来搭配葡萄酒也很好。

面团的配比和长棍面包一样。先把面团搓成长条，用剪刀倾斜剪口，不要剪断，用手把剪开的部分左右分开稍作拉伸后烤制。因为一鼓一鼓的很像麦穗，所以取名麦穗面包。粗细和长度每家店铺都有些不一样，这个形状的面包吃起来很方便，一般都是小块揪下来吃。还有一些里面加入了培根或奶酪。

[数据]
类型：硬系　主要原料：小麦粉

麦穗面包
Epi

推荐吃法
除了切片食用之外，也可以把面包的内心掏空，用来盛放炖菜和汤。

这款面包的基础面团也是和长棍面包一样的，Boule就是"球"的意思，面包就是球形的。和长棍面包相比更软，也有人利用面包的形状，把内心掏空，用来做西式炖菜的容器。

[数据]
类型：硬系　主要原料：小麦粉

圆面包
Boule

Pain de Campagne

乡村面包

切开

campagne 是"乡村"的意思，最开始是从乡村来的老奶奶卖的使用天然酵母制作的面包。面包的外皮很厚很香，内部能看到大小不等的气泡，口感软糯质朴。由于使用天然酵母，吃起来别具风味。放置一宿，吃起来味道更扎实。最近的做法趋于多样化，形状和大小也各不相同。

数据
类型：硬系　主要原料：小麦粉·黑麦粉

推荐吃法
可以用烤箱加热吃，或切薄片配其他菜品，也可以把肉派和奶酪放上面一起吃，配汤也不错。

从德国南部传到法国的黑麦面包，使用比例50%以上的黑麦粉的叫"pain de seigle"，50%以下的口感更好一些，叫作"pain au seigle"（据说从前黑麦粉比例超过65%的才能叫pain de seigle）。面包带有黑麦独特的风味，大多会加入水果干和果仁，外皮比较厚，里面的组织比较致密。

数据
类型：硬系
主要原料：小麦粉·黑麦粉

Pain au Seigle

黑麦面包

推荐吃法
推荐切薄片搭配其他菜品食用，享受黑麦独特的酸味和口感。和奶酪、果酱、生火腿还有海鲜搭配都不错。

Pain Complet

全麦面包

推荐吃法
搭配黄油、蜂蜜和肉泥都不错。
切薄片挤上一些柠檬汁，搭配
海鲜制作开放式三明治。

complet是"完全"的意思。包括麦麸和胚芽等，用
整粒小麦研磨成的全麦粉（完全小麦粉）制作的面包。
外皮松脆颜色较深，里面的组织致密，呈现出全麦粉
特有的咖啡色。口感简洁质朴又不失香醇，能吃出
浓浓的麦香味。也有一些是将全麦粉和小麦粉混合制
作的。

数据
类型：硬系
主要原料：小麦粉

Pain au Levain

天然酵种面包

推荐吃法
酵种面包的口感非常醇厚，适
合搭配重口味的菜肴，配黄油
和奶酪也不错。

小麦、黑麦、水果等制成的天然酵
母（也被叫作野生酵母）和乳酸菌
等制成的面包的总称。和其他面包
相比质地更加紧致，吃起来很有满
足感，酸味也比较重。根据所用的
酵母不同，香味和酸味也有一些区
别，适合搭配重口味的菜肴。面包
的形状各异，有的是棒状的，也有
一些是圆的。面包最大的特点是有
嚼劲和易于保存，从烤好的第二天
开始算，可以保存一周左右。

数据
类型：硬系
主要原料：小麦粉·黑麦粉

推荐吃法

刚出炉的牛角面包最适合搭配咖啡或奶咖。在法国还有很多人把它泡在咖啡里食用。放置时间长了之后会变硬,只要用土司炉或多士炉重新加热一下就可以恢复美味了。

Croissant

牛角面包

将黄油或植物黄油裹入面团,像制作派皮一样反复折叠好几次之后烤制的月牙形面包。将面团切成两个等边三角形,从底边往上卷,发酵完成后烤制。听说是从维也纳传过来的,1683年土耳其军队攻破了维也纳,传说从那时候开始面包师们仿效土耳其国旗上的新月制作了这款面包。

数据

类型:软系　主要原料:小麦粉

变化

菱形的牛角面包在法国比较常见,黄油的用量很足

专栏　喜欢长棍面包的法国人有些特别的喜好和吃法

要说法国面包店的畅销品种那还要数长棍面包,很多店铺一天就能卖出上千根。食客们的喜好各不相同,最讲究的应该是烤制的火候。"请给我拿烤焦一些的。"购买时提出这样要求的客人不在少数。某天第一炉烤好后,一根长棍面包被忘在炉子里面,跟着第二炉又烤了一次,变得黑黑焦焦的。令人惊讶的是,就算这样还是被摆在店铺的角落里销售。而更不可思议的是,一位40岁左右的中年绅士竟然把它买走了。我好奇之下询问店员,黑乎乎的面包要怎么吃?"泡在奶咖里啊,烤煳的面包这么吃很美味的!"店员一边说一边还抛了个媚眼。原来这是法国人大爱的一种吃法呢。

撰文:石泽真依子(初级面包顾问)
毕业于蓝带厨艺学校,取得了面包师证书。现在自己开办了一间法国面包教室,还担任料理点心专门学校的外聘讲师

Pain au chocolat

巧克力面包

用折叠面团团卷上条状的巧克力制成的甜面包，是牛角面包的改编版。适度熔化的巧克力和面包松脆的口感很合拍。因为加入了巧克力，和净版的牛角面包相比卷得要松一些。

数据
类型：软系
主要原料：小麦粉

推荐吃法
刚烤好的巧克力面包直接吃就很棒。也可以搭配咖啡或奶咖当成下午茶食用。

推荐吃法
下午茶的时候可以夹着冰激凌吃，还有人喜欢卷着香肠和三文鱼吃。

Brioche

布里欧修

使用足量的鸡蛋和黄油烤出的一款口味丰富的松软面包。在法国并没有把它归在面包一类，而是发酵点心类，口味与蛋糕接近。布里欧修的外形有好多种，其中包括皇冠形、圆柱形还有箱形等。其实点心中的咕咕霍夫也是布里欧修的一种。在法国圣诞节，还有朋友聚会等特别的日子，会用这款面包搭配鹅肝来吃。

数据
类型：软系　主要原料：小麦粉

变化

主食面包形状的布里欧修，切片来吃，味道绝对惊艳

意大利

ITALY

和各地方菜肴共同发展起来的面包

和菜肴、红酒一样，意大利各地的面包也具有极强的地方特色，种类相当丰富。其中有些虽然是同一种面包，但名字却不尽相同。面包依然是餐桌上不可或缺的食品，意大利人喜欢用白面包和阿拉棒等搭配前菜，意大利面、肉类、鱼类，也可以直接蘸着酱汁吃。

==== 变化 ====

上：佛卡夏不光有圆形的，切成方形的也不少
下：撒上奶酪和番茄等烤出来的佛卡夏很常见

Focaccia的意思就是"用火烤的东西"。将发酵面团展平烘烤的做法很受欢迎，不过从意大利全国来说，有完全不发酵的，还有比较薄、吃起来脆硬的那种，种类相当多。面团中加入了橄榄油，时间一长油分就会从面包表面析出来。很多意大利人将它作为主食面包，也有人说它就是比萨饼的原型。

推荐吃法

可以搭配意大利面，或作为下午茶，此外还经常用来做帕尼尼（意式三明治）。切成小块直接做主食面包也很好吃。

Focaccia 佛卡夏面包

数据
类型：软系　主要原料：小麦粉

专栏　意大利的清晨从甜甜的牛角面包开始

早上吃甜面包是意大利的主流，所有的咖啡店都有出售甜口的牛角面包。午餐时间，用法国面包或佛卡夏制作的帕尼尼最受欢迎，里面夹上火腿、奶酪等各种食材，吃起来爽口美味。

撰文：增田阳子
现居住于米兰，媒体制作人，活跃于电视·杂志等领域

夏巴塔面包

Ciabatta

切开 ↗

推荐吃法

刚出炉的最好吃，可以蘸橄榄油吃，横着切开做帕尼尼也不错。

诞生于意大利北部的扁平面包，因为外形很像拖鞋，就起名叫 Ciabatta。原先使用意大利面专用小麦粉制作，现在大多是在普通小麦粉里面加一点儿盐。做法有很多种，因为面团水分比较多，很软，所以烤的时候里面容易产生气泡。面包组织比较稀疏，吃起来没什么负担。

数据
类型：硬系　主要原料：小麦粉

阿拉棒

Grissini

变化

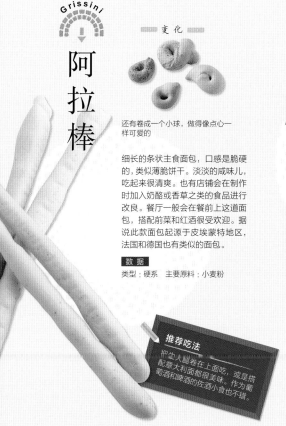

还有卷成一个小球，做得像点心一样可爱的

细长的条状主食面包，口感是脆硬的，类似薄脆饼干。淡淡的咸味儿，吃起来很清爽。也有店铺会在制作时加入奶酪或香草之类的食品进行改良。餐厅一般会在餐前上这道面包，搭配前菜和红酒很受欢迎。据说此款面包起源于皮埃蒙特地区，法国和德国也有类似的面包。

数据
类型：硬系　主要原料：小麦粉

推荐吃法

把火腿卷在上面吃，或是搭配意大利面都很美味，作为葡萄酒和啤酒的佐酒小食也不错。

潘娜托尼

Panettone

推荐吃法

可以稍微加热，再配上奶油和奶酪食用。和白葡萄酒、甜酒搭配也不错。

发源于米兰的圣诞节糕点，面团中加进了很多水果干，是布里欧修风格的点心面包。面包里加入了大量的橙皮和葡萄干，最初都要使用潘娜托尼专用面种，用20个小时来制作。潘娜托尼面种是使用野生酵母和乳酸菌的面种，香气和风味独特，且易于保存。现在很多店铺都是面种和面包酵母一起使用。

数据
类型：软系　主要原料：小麦粉

德国
GERMANY

散发着黑麦香气的酸面种面包是主角

用酸面种发酵的口味醇厚偏酸的黑麦面包是德国面包的主流。最主要的原因是这里天气寒冷，不适宜种植小麦。在德国具有代表性的主食面包都是用面粉的种类和配比起名字的。很多面包的名字里都带有一个Roggen，就是"黑麦"的意思。黑麦的比例越高，酸度越高，面包的组织也越紧实。

Roggenbrot

黑麦面包

切开

德国最具代表性的黑麦面包，黑麦特有的香味、醇厚的酸味和湿润的口感。根据面粉的比例还有不同的叫法，黑麦粉比例占90%以上的叫"黑麦面包"。如果是黑麦粉和小麦粉搭配使用的，黑麦粉多的叫"黑麦混合面包"，小麦粉多的则叫"小麦混合面包"。

推荐吃法

切薄片，放上重三文鱼或是涂抹果酱、蜂蜜都好吃。搭配重口味的菜肴和肉料理，非常清爽解腻。

数据

类型：硬系　主要原料：小麦粉·黑麦粉

Volkornbrot

全麦面包

Volkorn 就是"全麦粉"的意思，这款面包90%以上是黑麦全麦粉和小麦全麦粉的混合粉。营养价值非常高，同时富含膳食纤维。咀嚼时能吃出淡淡的甜味儿。可以切成薄片做三明治。

数据
类型：硬系
主要原料：小麦粉·黑麦粉

推荐吃法
能吃到一粒一粒的谷物，口感不错，很有嚼劲。切成薄片搭配奶酪和火腿吧！

Schrotmi schbrot

粗磨混合谷物面包

schrot 是"粗磨谷物"的意思，这款就是粗磨黑麦粉和粗磨小麦粉混合制作的面包。酸味儿比较重，口感相当醇厚。黑麦比例越高，面包的特色就越鲜明。

数据
类型：硬系　主要原料：小麦粉·黑麦粉

推荐吃法
兼具酸味和麦香味的面包，切薄片比较可口。可以涂黄油和果酱，也可以配菜肴食用。

Weizenbrot

白面包

尽管黑麦面包在德国家喻户晓，白面包还是找到了自己的一席之地。Weizen 就是"白色"的意思，这款面包主要使用小麦粉制作而成，据说是小麦进口量暴增时，诞生于德国南部的。大多数白面包的外皮都类似于长棍面包，是那种脆硬口感的。内部则非常柔软，口感极佳。

数据
类型：硬系
主要原料：小麦粉

推荐吃法
和以黑麦粉为主的面包相比香味儿更加柔和，所以可以切得比黑麦面包更厚一些，做三明治就好。

Brezel

布雷茨面包

这款面包特殊的外形已经成了德国面包店的象征。大多数的布雷茨面包都是咸味儿的，口感松脆，也有一些是软软的或是甜口的。最常见的是碱水布雷茨面包，在面包上涂上碱水（苛性苏打），让表面光滑的同时还能呈现出红褐色。

推荐吃法

有很多类型，不过咸味儿的布雷茨面包很适合做啤酒的佐酒小吃。软糯香甜，可以做下午茶和三明治。

数据
类型：硬系　主要原料：小麦粉

Stollen

史多伦

大量使用黄油的面团当中加入了用酒泡过的水果干、果仁和香料，口感相当豪华。德国人每年11月末开始购买史多伦，每周日吃一些，期待着圣诞节的到来。

数据
类型：软系　主要原料：小麦粉

推荐吃法

口感看甜浓郁，德国人喜欢将史多伦面包切成薄片，每次吃一点儿，慢慢享受圣诞节来临前的欢乐气氛。

粗黑麦面包

从德国北部流传到各地的传统黑面包，将酸面种发酵的面团放入专用模具，隔水烤好几个小时。使用粗黑麦粉和黑麦全麦粉，吃起来糯糯的。面包沉甸甸的，内部组织特别致密。比较易于保存，烤完第二天的口感更柔和一些。

数据

类型：硬系　主要原料：黑麦粉

推荐吃法

烤过之后放两天再吃。与油脂比较多的肉料理是绝配。也可以切片涂抹奶油或者搭配生蚝食用。

恺撒面包

恺撒面包可以说是德国酒店早餐的标配面包，因为形似皇冠所以取名恺撒（皇帝）。表面的花纹大多是使用专用压模压出来的，既可以让面包看起来丰满，又可以提高内部的密度。面包外皮香脆，是德国硬系面包中吃起来口感比较清爽的。

数据

类型：硬系　主要原料：小麦粉

推荐吃法

可以夹火腿或者醋渍鱼来吃，比较正宗的吃法是搭配香肠和啤酒。

━━ 变 化 ━━

有一种是在上面撒芝麻的

英国

ENGLAND

英式早餐的传统

说到英国的面包，日本人最先想到的一定是山形的主食面包。虽然在英国本土，也总听人说"现在都不怎么看得到了"，但其实它们是被做成了面包片和三明治在吃。在英国咖啡馆里，司康、果酱和高热量的凝脂奶油的组合被称为"Cream Tea"，是英国经典的下午茶之一。

※从英国流传到法国的主食面包叫"pain de mie"。相对于以品尝外皮为主的长棍面包来说，这款面包主要是吃里面的心（mie），所以才取了这个名字。不过这种面包只有在制作圣诞节或聚节用的三明治时才会使用，有山形的也有四四方方的，每到一个国家多少都会有些改良吧。

拥有山形屋顶的松软的主食面包，面团放进模具里不盖盖子，所以上面才膨胀成了山形。和其他的主食面包相比，此款面包比较轻，内部气泡比较大，大多数英国面包口味比较清淡。据说是哥伦布发现新大陆的时代，面包师们开发了这种便于携带，可以和大家分吃的面包。据说本地正宗的英国面包要比我们见过的更小一些，切成7 mm~8 mm的片在多士炉里烤脆，再涂上厚厚的黄油和果酱享用。还有绝大多数人会做成三明治吃。顺便说一句，在英国这个面包不叫英国面包，大家都叫它"白面包"。

数据

类型：硬系　主要原料：小麦粉

White bread

英国面包

推荐吃法

除了加热后食用之外，还可以切薄片做成三明治当成下午茶来吃。

英国面包

切开

English muffin

英式马芬

连英国早年流传下来的童谣集《鹅妈妈童谣集》当中都有出现的传统面包。使用材质很厚的圆形模具，表面撒着粗磨的玉米粉，烤到模具八分满的时候完成取出。没有完全烤透，所以水分比较多，还有一点Q弹的口感。吃的时候可以用手或者叉子把马芬分成上下两半，用多士炉加热后，其粗糙的表面吃起来很香。后来这款面包又传到了美国。

数据
类型：硬系　主要原料：小麦粉

推荐吃法
用手或叉子把马芬分开，烤热后涂抹大量的黄油，渗入面包表面。也可以做三明治。

Scone

司康

发源于苏格兰的传统点心面包，18世纪时出现在贵族之间流行的下午茶时间。面团是用泡打粉发酵的，其中还混入了葡萄干等水果干和干果。外皮松脆，里面又是比较湿润的，烤的时候会膨胀，并出现一个裂痕，可以分成上下两半夹着奶油等食品食用。

数据
类型：软系　主要原料：小麦粉

推荐吃法
用烤箱稍微加热会更好吃，可以涂上奶油、果酱和蜂蜜等与红茶共享。

推荐吃法
切片后涂上果酱或蜂蜜食用，也可以用来搭配炖菜。

Soda Bread

苏打面包

这款面包已传到爱尔兰共和国，成为日常食用的快手面包。使用全麦粉、小麦粉加入泡打粉烤制，一般都会在面包中间画一个"十"字。经常会代替土豆泥，作为晚餐的小吃登场。

数据
类型：硬系　主要原料：黑麦粉

丹麦 ✚

DENMARK

酥皮面团的故乡

最具代表性的是将黄油折叠进面团制作的松脆的丹麦酥。可以加入卡仕达酱或者水果一起烤制，种类很多。

Spandauer

卡仕达杏仁面包

在生日或是圣诞节等喜庆日子里吃的一款酥皮点心。还有四方形边长30 cm，重量达到1.2 kg的超大尺寸。大家一起分吃，寓意分享幸福。在丹麦酥面团上涂抹黄油酱或杏仁糖酱，包裹上卡仕达酱和朗姆酒葡萄干，再撒上杏仁片就可以放进烤箱了。酥脆的表皮配上温润香甜的蛋奶冻，是一款能让你感觉无比幸福的丹麦酥。

数据

类型：软系　主要原料：小麦粉

Kringler

节日面包

这款丹麦酥皮点心用的是从美国传过来的叫法，最开始是从维也纳传遍欧洲的。在这里是用丹麦酥面团混合卡仕达酱烤制的传统食物。即便用的是同一种面团，有的是只在上面撒一些坚果的简单做法，也有的要在面团里卷肉桂，还有表面挂糖霜的豪华版，种类很丰富。

数据

类型：软系　主要原料：小麦粉

专栏 不光只有丹麦酥，黑麦面包才是丹麦的主食

黑麦特有的香味让丹麦人难以割舍，只要一离开丹麦马上就要开始想念黑麦面包了。制作黑麦面包真的很费功夫，首先要制作酸种面种（酵母），还要发酵好几天再放进高温的烤箱中烘焙。丹麦酥当然也很出名，早餐最常见的就是丹麦酥和蛋糕卷。午餐就是用100%黑面包做的开放式三明治。不过，晚上的主食不是面包，而是土豆！

撰文：詹斯·詹森（Jens Jensen，来自丹麦）
推广带有丹麦文化特质的周末田园聚会活动"kolonihave"

芬兰面包

芬兰

FINLAND

能够发现新的味道

以黑麦面包为主，且不乏各种特色面包。虽然对于日本人来说不太熟悉，不过发现新的口味也是件很快乐的事。

Peruna Limppu

马铃薯面包

以黑麦的全麦粉为主，将土豆捣成泥，连煮土豆的水一起和成面团制作的乡村面包。有的会在表面涂一层糖浆，虽然看起来黑乎乎的，但是一点儿都不硬。这种厚重甘甜的口感非常适合搭配肉和鱼。为了对抗寒冷，还有些当地人会在这款面包里加一种香料。由于加了马铃薯的缘故口感非常软糯，而且这还是一款低卡路里、高膳食纤维和维生素的健康面包。

▶ 数据

类型：硬系　主要原料：黑麦粉

推荐吃法

因为本身带一点点甜味，搭配生火腿和奶油奶酪无敌美味。此外，三文鱼和醋渍鱼也是不错的选择。

切开

Fiaden Ring

黑麦面包圈

切开

推荐吃法

切成两片，涂抹黄油或奶油奶酪，再放上三文鱼，制作一款北欧风格的三明治。

黑麦全麦粉和黑麦酸面种制作的黑麦面包。面包的组织很致密，口感厚重，麦香浓郁，酸味儿也比较重。另外，吃起来还有一种独特的颗粒感。原本是为了长时间保存而做的面包，所以偏硬，可以沿着表面的压纹掰开吃。中间有一个洞，是为了方便面包店把面包身上一根棍子上摆出来。在芬兰，很多人都会选它作为自己的主食面包。

▶ 数据

类型：硬系　主要原料：黑麦粉

第一章 ◎世界面包图鉴

035

美国

U.S.A

能 在 各 民 族 中 找 到 起 源 的 面 包

美国也是一个消费面包很多的国家。有一些是很久以前从别的国家传过来的，经过本土化成为一种美国面包。美国各地都有自己独创的面包，比如纽约的名物贝果，还有使用泡打粉发面的快手玉米面包等都十分知名。

Buns ➡

餐包

切开 ✎

小型面包的总称。因为加入了砂糖和脱脂奶粉，有淡淡的甜味儿，是一类很松软的面包。圆形的和细长卷的最常见。现在有使用全麦粉的，还有使用酸面种制作的。据说人们把烤肉和香肠夹在餐包里边走边吃，这就是快餐的起源。面包本身没有什么特殊的味道，所以才能更好地衬托出其他食材的风味。

推荐吃法
横着从中间切开，里面夹上鱼肉等自己喜欢的食物。烤热了再吃更香。

数据
类型：软系　主要原料：小麦粉

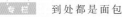

专栏　到处都是面包

左边是巴西的奶酪面包，在木薯粉做的不发酵面团中加入奶酪。吃起来外皮脆脆的，里面糯糯的，不仅口感独特，奶酪浓郁的香味儿还充满了整个口腔。从面包店到酒吧，菜单中都少不了这款面包。肚子有点儿饿的时候当点心吃也行。右边是墨西哥盛产的玉米粉制作的卷饼，将没有发酵的面团擀成薄饼烤出来，散发着一股玉米的清香味儿。在日本，最有名的就是卷上肉和蔬菜，再涂抹番茄辣椒酱的塔科司。不过，当地家庭有的就直接吃饼，有的把饼放在油锅里炸了之后，上面再配各种食材；还有的把饼泡在辣酱里，各种菜肴里都能看到卷饼的影子。

美国面包

Bagel

贝果

—— 变化 ——

还有用水果干和奶酪等点缀的贝果

推荐吃法
上下分成两部分，加上奶油奶酪和三文鱼食用，表面烤一下吃起来脆脆的，很美味。

原本是犹太人吃的一种面包，之后在多移民的美国流行开来，还成了纽约的名物。制作方法很有特色。烘烤之前要在热水里焯一下，使贝果拥有了独特的Q弹口感。这款面包很重，吃起来很有饱腹感，可是因为没有使用鸡蛋和油，又是意想不到的低卡路里。贝果有很多变化，面团里加入水果、肉桂之类的都很畅销。

数据
类型：硬系
主要原料：小麦粉

推荐吃法
切厚片，可以涂上一层厚厚的黄油做或黄油吐司，或者做三明治也不错。

Corn Bread

使用玉米粉（把玉米皮和胚芽去掉之后磨成的粉）制作的快手面包，当地人喜欢在感恩节（11月的第四个周四）和节后的周末享用。不同的地区和家庭，面包的形状和配方都有所区别。美国北部做的味道很像是甜蛋糕，南部做的基本都不甜。玉米的香气和柔和的口感是它最大的特色，也有一些在里面加入了小麦粉，不过玉米粉比例越高的吃起来越有那种回归自然的质朴风味。

数据
类型：软系
主要原料：玉米粉

玉米面包

Pullman Bread

长面包

推荐吃法
搭配荤肴食用。涂上黄油或枫糖浆更好吃。

四四方方是这款主食面包最大的特征，日本人喜欢管它叫方包。因为烤的时候模具上面盖了盖子，所以提升了生产效率，更适于批量生产。名字中的Pullman（铂尔曼）是一家火车制造商的名字，据说因为面包形似他们生产的火车而得名，还有人说这是在Pullman火车的餐车里销售的面包。在欧洲大多只使用小麦粉、酵母、水和盐来制作这款面包，美国人则喜欢在里面加入黄油和牛奶等。

数据
类型：硬系 主要原料：小麦粉

中国

CHINA

清淡的蒸面包是主流

搭配丰富多样的中国菜，有很多清淡的蒸面包。基本都是没有馅儿的品种，可以夹着自己喜欢的食物吃。

和馒头用的是同一种面团，有花瓣形的，还有螺旋形的，所以起名"花卷"。有的是把面团折叠再扭一下；还有的是卷成卷，中间用筷子压一下，有很多种做法。还有在面团中混入葡萄干、干果和香葱的做法。

数据
类型：硬系　主要原料：小麦粉

Hanamaki

花卷

推荐吃法
和馒头一样，搭配各种菜肴着食用。还可以夹着其他食物吃。刚蒸好的花卷马上吃最可口。

推荐吃法
孩子大人都喜欢吃的点心，可以配中国茶享用。放凉了吃又是另一种风味。

使用了很多鸡蛋和砂糖的一款中式蒸面包。使用红糖或者黄糖的也很多，甜味儿中会增加一些浓郁的味道。吃起来很像点心，在餐厅也是当作餐后甜点吃的。还有一些加入了椰子粉和蛋奶糊的，吃起来口感更加豪华。马拉指的是马来西亚，有人说这款面包是从马来西亚流传到中国的，也有人说是按照马来人的感觉做的。

数据
类型：软系　主要原料：小麦粉

Ma La Gao

马拉糕

Manto

馒头

推荐吃法
搭配菜肴食用，也可以做轻食和点心。夹着红烧肉和大葱来吃，有点儿像汉堡的感觉。

在日本，中国的馒头很出名，不过没有馅料的馒头就是一种基础面包。用小麦粉加酵母发面后蒸制，以前都是用中国古时候传下来的老面肥做的。馒头有淡淡的甜味，清淡的味道很适合搭配口味重的中国菜。

数据
类型：硬系　主要原料：小麦粉

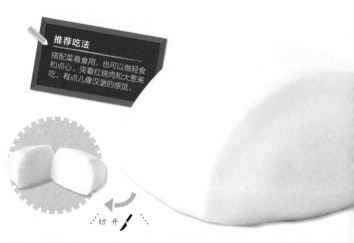

切开

亚洲·中东:印度·叙利亚······

ASIA · MIDDLE EAST: INDIA · SYRIA...

有些不同的各色烤饼

说到亚洲和中东地区的主食,首先是烤饼。有撕着直接吃的,也有加上各种菜料的,品种很多。

推荐吃法
适合搭配味道浓郁的咖喱,再配上一杯印度酸奶就更正宗了。

Schime

中东大饼

推荐吃法
中东地区一般都和煮菜一起吃,也可以先刷一层番茄酱再微微烤一下。

只有小麦粉、酵母、食盐的简单味道,在埃及和叙利亚很普遍。原来是使用全麦粉的,"口袋"里也可以夹料。

数据
类型:硬系　主要原料:小麦粉

Nann

印度烤饼

正宗的做法是贴在一种圆筒形的泥制炉子里高温快烤,在当地只有在高级饭店和酒店里才能吃到这种奢侈的烤饼。

数据
类型:硬系　主要原料:小麦粉

Pita

━━ 变化 ━━

披塔

推荐吃法
可以夹着豆泥、可乐饼、烤羊肉串做成三明治,因为不会把手弄脏,所以多少带一些水分的食材也可以夹。

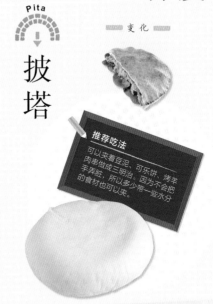

和烤饼相比,这款煎薄饼更接地气一些。在印度、尼泊尔、巴基斯坦的一般家庭中几乎每天都会烤着吃。薄饼是不用发面的。

数据
类型:硬系　主要原料:小麦粉

Chapati

煎薄饼

推荐吃法
可以搭配咖喱和豆泥,早餐时候也可以配奶茶吃。

中东地区的一种日常主食,将面团擀平,高温短时间烤制,中间是空的,可以夹东西吃。

数据
类型:硬系　主要原料:小麦粉

※ 发酵中

面包的
历 史
故事1

topic.1

一个意外解开了谜题

环游世界的面包

插画：金城悦子

最初面包的发酵是如何被发现的呢？面包这个词源于哪个国家？回顾过去解开一个个谜题。

　　自古以来大米为主食的日本，如今制作面包的技术已经达到了世界级的高水平。虽然身在日本，但能吃到世界各地的面包，环境算是很优越了。而且，和从前相比，最近在家自制面包也已经成了家常便饭。

　　面包已经在很大程度上融入了日本人的生活。磨粉、揉面、发酵、烘烤，要经历这么多复杂工序的面包制作，到底是什么时候从什么地方起源的呢？让我们一起来梳理一下历史吧！

　　对于制作面包来说必不可少的小麦，据说是公元前8000年前后在美索不达米亚文明的发祥地开始种植的。最开始的时候，人们直接把小麦粒炒着吃或煮粥吃。随着文明的进步，到了公元前6000年前后，人们开始把小麦磨成粉，再加水烤，做成类似法式烘饼的样子来吃，这个时期终于出现了"面包的元祖"。不过，那时候关于"发酵"，人们连基本的概念都没

> 发酵面包是一个偶然吗？
> 面包诞生时发出的"第一声啼哭"来自古埃及

有。因此，到面包真正诞生还需要很长一段时间。

公元前 3200 年 ~ 200 年，前面说到的无发酵面包传到了古埃及，在那里诞生了发酵面包。不过，大家可不要以为这是厨师们苦心研究的成果，这完全就是一个偶然。一天，一个厨师像往常一样把准备做面包的面团揉好后放置了一个晚上，结果面团在野生酵母菌的作用下膨胀了，他用发酵的面团烤制了面包，发现味道特别好，从此就出现了"发酵之后再烤"的制作方法。和现代面包息息相关的发酵面包诞生了，据说当时人们把它称为"神的礼物"，并没有打算推广到其他地方。

之后古希腊征服了古埃及，开始输入谷物，引进了面包的制作方法和面包烤炉等用具，连面包匠人也一起带了过来，这些就发生在公元前 700 年 ~ 5 世纪时期。原本盛行红酒制作的希腊掌握了培养酵母的技巧，从而实现了面包的稳定生产加工。可是之后古希腊又被古罗马占领了。

在战乱中大量生产
受到基督教的庇护而得以推广

面包制作在罗马帝国的统治之下又得到了新的发展。

古罗马为了扩张势力，大肆发动战争。因此这一时期，便于保存和携带的面包成了战士们宝贵的干粮，支撑着整个军队。通

过这样大量的生产和消费，面包制作技术也得到了快速提升。随着国家的繁荣，面包文化加快了推广速度，面包店的数量飞速增长。在著名的庞贝遗址，人们就发现了可能是用人力磨粉的石磨和面包烤炉。

5 ~ 12 世纪，罗马帝国灭亡之后中世纪欧洲不断诞生新的国

家，面包制作技术也随着基督教的传播推广到了各个国家。人们把面包称为"耶稣的肉"，面包文化受到了教会的保护和重视，因此这个时期每个国家都开始制作自己特有的面包。还有，像葡萄酒和咖啡等也一样，当时的食物、饮品和文化都是通过教会保护和推广的。

顺便要提一下，12 世纪前后，富裕阶层会食用精选面粉制作的白面包，而一般老百姓吃的是他们挑剩下的面粉制作的黑面包，所以说一看面包就知道这个人所处的社会阶层。就像日本江户时代，吃白饭、大麦和粟的区别差不多。

日本从弥生时代（3 世纪前后）开始栽培小麦，蒸着吃或者烤着吃。不过一直等到枪支传入日本，发酵面包才随之出现。

> 面包和枪支一起传到了日本
> 可是历史开了个玩笑，面包竟然
> 还一度消失

发酵面包传到日本是 16 世纪。1543 年葡萄牙船来到种子岛，带来枪支的同时也带来了面包。所以日语中"面包"这个词就来自葡萄牙语的"pao"。

日本战国三杰之一的织田信长积极引入以枪支为代表的南蛮文化。文献记载他喜欢用红酒搭配硬面包食用。可是织田信长去世之后，丰臣秀吉时代下令驱逐传教士，打压基督教。锁国政策让刚开始推广的面包在日本消失了，历史影响了饮食文化。

日本再次开始烤面包是从 1840 年鸦片战争爆发开始的。因为担心英国军人进攻日本，幕府计划增强军备，向军事学家江川太郎左卫门下达了警备和击退的命令。那时候他就想到，轻便、易于携带的面包很适合做军粮。故事的发展竟然和罗马时代惊人的相似。早在织田信长时代，面包是专门为那些荷兰来的商人和基督教教徒准备的。而这一时期，日本人已经开始为自己烤面包了。1842 年 4 月 12 日面包首次被作为军粮，因此 4 月 12 日被定为日本的面包日。

之后日本开放解除锁国，日本的面包也得到推广，呈现出多元化的、快速发展的趋势。

葡萄牙船来到日本的时候，在大洋彼岸的欧洲，面包也得到了新的发展。

走遍欧洲的面包
从固定品种到新品的诞生

意大利文艺复兴时期，面包制作技术有了长足的进步。据说当时意大利美第奇家族和法国王室举行婚礼时都要请法国优秀的面包师，制作与现在形式相近的面包。

此外，牛角面包配咖啡的习惯传到法国，据说是从王室迎娶奥地利女大公玛丽·安托瓦内特做国王路易十六的王后开始的。

从全世界范围来说，日本的面包历史很短。不过，日本也是一个面包文化高度渗透的国家。我们看今天日本点心面包和副食面包还在不断地推陈出新这一点就知道了。说不定，这些新品当中会有一些在几十年后成为人们饮食生活中离不开的"传统"面包。

所有的历史时刻
都少不了面包的存在

面包的
历史
故事2

topic.2

无论哪个时代都有令人怀念和珍重的东西

在日本诞生的面包故事

面包在日本扎根，并走出了一条独特的发展之路。

从开始制作到今天已经超过了100年，依然受到大家的欢迎和喜爱。

日本原创面包到底是什么？

东京银座的"木村屋总本店"内有很有历史感的浮世绘作品。顺便说一下，"文英堂"是在东京芝日阴町（现在的新桥站附近）开业的

自 1860年前后开国以来，西方文化像雪崩一样大量涌入日本。进入明治时代，面包文化也正式在日本扎根。

明治二年（1869年）日本最古老的面包店"文英堂"（现在的木村屋总本店）开张。店铺烤制英国面包、法国面包等多

种多样的面包，从此面包这种东西也开始在日本广为熟知。

随后在大正时代爆发了第一次世界大战。

被俘的德国士兵带来了德国面包的制法，又从美国传来了加了糖和黄油的面包制法。这一时期还建造了面包工厂，开始大批量生产。可是，进入昭和时代，又陷入了第二次世界大战。

日本战败之后，一下子陷入了原料不足、粮食短缺的困境。

可是，在美国的统治之下，大量的小麦作为援助物资送到了日本，面包制作重获新生。从战后复兴到昭和三十年代，日本进入了高速发展时期，欧美文化加速进入日本，食用面包也进一步普及。

就这样，日本逐步拥有了今天这样能吃到世界各国面包的环境，而且对于很多人来说面包已经成为生活中不可或缺的一部分了。在这样时间不长却跌宕起伏的面包历史中，日本原创的面包出现了。

下面就来介绍一下，以豆馅面包、果酱面包、奶油夹馅面包3种甜面包为首，至今依然深受人们喜爱的人气面包吧！

明治二年（1869年）创建的木村屋总本店的木村安兵卫，一直在考虑制作适合日本人口味的面包。由此研发出了用日本酒的酒种（用

曾经献给明治天皇的日本最古老的点心面包

豆馅面包、果酱面包

看招牌布帘就知道这家店有年头了，连装面包的木盘子都透着一股老店的气质

米、酒曲和水制成）发酵面团的技术，之后又诞生了在面包中加入馅料的豆馅面包。这是明治七年（1874年）的事儿了。

从国外来的"洋"面包和豆馅这样的"和"食组合，这种日洋合璧的做法颇受瞩目。第二年4月4日，豆馅面包配上盐渍樱花被一起献给了明治天皇。作为纪念，人们喜欢把每年的

4月4日称为豆馅面包日。而再现当时贡品的樱花豆馅面包现在依旧是热卖的人气商品。

到明治三十三年（1900年），木村屋总本店开业超过30年了，第三代掌门木村仪四郎在豆馅面包的面团中包入果酱，发明了一种新的点心面包——果酱面包。和圆形的豆馅面包不同，果酱面包以独特的半圆柱形亮相，同样成

盐渍樱花和豆馅面包是绝配

大家都很熟悉的拳击手套形状的奶油夹馅面包

为畅销的人气商品。果酱面包和豆馅面包一样，现在已经成了很多面包店一定会有的传统商品。而木村屋总本店至今还在"不断开发加入奶油、奶酪等馅料的新品面包"。

果酱面包诞生没多久，明治三十七年（1904年），新宿中村屋也开发出了新的点心面包。店铺创始人相马爱藏被奶油泡芙的味道惊艳了，他觉得奶油太好吃了，就想把它加到面包里面

泡芙是奶油夹馅面包诞生的契机

奶油夹馅面包

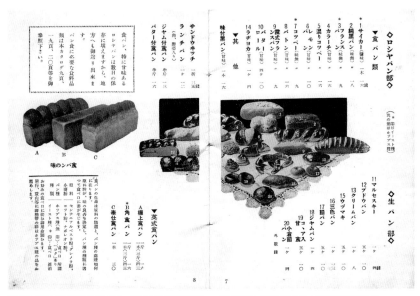

"新宿中村屋"昭和初年的营业指南。13号就是奶油夹馅面包，一个售价8钱。还有三色面包、豆馅面包和果酱面包

面皮和咖喱的比例是 4:7，是很有质感的一款面包

咖喱面包

将咖喱和炸猪排结合是重振店铺的关键！

去。使用牛奶制作的奶油营养价值很高，也成为这款面包最大的特色。果然不出所料，这款口感香甜丝滑的欧风面包上市后一跃成为人气商品。

当时中村屋销售的奶油夹馅面包类似于槲叶糕，是半圆形的，后来又变成拳击手套的形状，有人说是为了和豆馅面包区分，具体原因并不是很清楚。新宿中村屋在接受采访时说："我们也不知道具体是因为什么。不过，有可能是为了把面包内部的空气抽空，让面团和奶油之间不要产生空洞。"

进入昭和时代，面包中出现了一个与点心不同的分类，现在我们管这类面包叫作"副食面包"。位于东京森下的名花堂（现在的 KATOREA）的菜单中出现了一种名为"西餐面包"的商品。面团里面加入了咖喱风味的馅料，表面裹上面包糠炸制而成。这个实用的新创意是在昭和二年（1927 年）产生的。

正赶上那个时期西餐盛行，据说在椭圆

在 KATOREA 面包店里，每天 7 点、9 点、11 点和 15 点，4 个时间段都有新鲜的咖喱面包出炉。

形面团上裹面包糠炸制的灵感来源于炸猪排。最初的设想是当作一款轻松搭配米饭食用的小菜。

大正十二年（1923 年）名花堂在火灾中化为灰烬，老板想要开发出一款能让店铺起死回生的畅销商品，咖喱面包应运而生。"面包的馅料是用猪肉、大蒜和洋葱做的，这个配方一直都没变。"

如今不少面包店都推出了不油炸的烤制咖喱面

哈密瓜面包

诞生成谜的超高人气面包！

包，还有肉糜咖喱面包等，改良升级版本很多，不过 KATOREA 的"西餐面包"依旧是咖喱面包的元祖。

这款哈密瓜面包在形状、口味和做法上地方差异很大，当我们想找到它的起源时，也没有一个明确的答案。面包里并没有使用哈密瓜，却起名叫"哈密瓜面包"。关于名字的由来有很多种说法，是一款大受欢迎却"神秘"的面包。

昭和五年（1930 年）在东京经营面包店的三代川菊次，为哈密瓜面包的制作方法申请了"小麦粉制食品"的专利权，这应该可以算是现在哈密瓜面包的元祖了吧。虽然三代川在昭和年间申请了专利，但是面包制作从大正时代就开始了。面包表面覆盖了一层烤出来像饼干一样的脆脆的面片，这种面包在

表面是脆脆的，里面很松软，表面的花纹是不变的

国外也有，不过日本的哈密瓜面包应该可以说是日本的原创吧。

关于名字的来源说法不一，还没有定论。1. 表面的裂纹酷似哈密瓜，或是说故意使用网子烤出类似哈密瓜表面的花纹；2. 制作面包表面脆皮的蛋白酥的日语发音与哈密瓜类似；3. 面团和馅料中加入了哈密瓜糖浆。

这款神秘的面包，如今仍在不断地改良升级，日本各地的大人、孩子也都很喜欢哈密瓜面包。它和豆馅面包、奶油夹馅面包一样，已经成了一种永远不会消失的传统面包。

吃下一大口刚烤好的哈密瓜面包，无论是谁都会笑得像孩子一样开心

第2章

弄 懂 各 种 原 材 料
拓 展 面 包 的 世 界

面 包 的

基 础 知 识

制作面包时不可缺少的4种原材料是面粉、酵母、盐和水。
如果你了解了材料的各种组合，
面包一定会让你更快乐，更着迷！

面 粉
FLOUR

1

决定面包口感
的主角。日本国产
小麦粉值得关注

2

酵母
YEAST

如果不发酵就
没有面包，了解
酵母神力的秘密

3

盐
SALT

调味的同时让面团
更紧致。尽管比例不到
2%，却起着不为人知
的重要作用

水
WATER

软水和硬水，
到底哪个更适合
做面包？

4

应用篇
ADVANCE

不同的材料是怎么改变面包的，
事实胜于雄辩！

5

面 粉

FLOUR

决定面包味道和口感的主角

选择不同的面粉，烤出来的面包在味道和口感上差别很大，
有的面包雪白松软，有的面包厚重有嚼劲。
即使是最有代表性的小麦粉，也分很多品种，有无数种选择。
了解面粉的基本知识，给你的面包赋予个性。

富饶的土地孕育出美味的面包

访问 小麦出生 的地方

在自然资源丰富的和歌山，
有一间名为"木造校舍"的面包工坊，店铺的主人是小麦农户三枝，
虽然只有周末才对外营业，却依旧人气满满。

三枝一家（照片前面
的3个人）和员工们
都是特别开朗的人

贴近自然，种植安全的小麦

从附近的镇子驱车1小时前往，面包工坊"木造校舍"就位于纪伊半岛南部一个鸟鸣阵阵的幽静小山村里。这里只有周六周日两天销售面包。每到周末，不少客人都为了购买面包工坊自制面粉做的美味面包，特意从很远的地方跑过来。"我们的主业不是开面包店而是务农，根据收获小麦的量，只有周末烤面包销售。这样的节奏，对于我们来说刚刚好。"

三枝种植的小麦品种名为NISHINOKAORI，非常适合制作面包。不过很遗憾的是，原本生长在这片土地上的小麦品种都没能保留下来。"从前无论谁家，都是收了小麦自己用石臼研磨成粉。日常生活中除了米饭之外，再做一些类似疙瘩汤和乌冬面的东西吃。不过，现在已经很少有人这么做了。"很久以前，每个地方都有出产本地的面粉，可现在已经消失了。目前日本小麦的现状就是进口小麦一枝独秀。

"日本国产小麦衰退的主要原因，就是战后来自美国的蓬松喧软的面包更受欢迎。而日本的小麦含谷蛋白比较少不容易膨胀，所以并不适合制作那种美式的软面包。同时又受到进口小麦的低价制约，不断减产也是情理之中的。"三枝不无遗憾地说。

1.刚磨出来的面粉是最香的；2.每年6月收获的风景

据说使用自产小麦制作面包的想法,当初也遭到了周围人的质疑。

"当然,要做出我们印象中那种美国高筋粉制作的松软面包是不可能的。其实,只要能根据小麦品种不同,调整材料配比和发酵时间,就能烤出充分发挥本地小麦优势的面包。"三枝告诉我们。"木造校舍"面包最大的魅力就是组织致密扎实,能吃出小麦的甜味。

"正因为小麦和面包都有自己的个性才更有意思,本地面包的魅力也在于此。"

三枝在种植小麦的过程中最关注的一点是"能够安心地食用。""种粮食就是做吃的。吸收什么营养素长大,直接决定了小麦的味道。"不使用农药和化肥,让土地更紧实,微生物含量很高。充满活

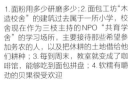

1.面粉用多少研磨多少;2.面包工坊"木造校舍"的建筑过去属于一所小学,校舍现在作为三枝主持的NPO"共育学舍"的学习场所,主要接待那些希望参加务农的人,以及把休耕的土地借给他们耕种;3.每到周末,教室就变成了咖啡馆,能够吃到面包拼盘;4.软糯有嚼劲的贝果很受欢迎

绿油油的小麦地是4月的

"吃自己居住土地上
生长的小麦,如果有
一天能变成顺理成章
的事儿"

5.使用整粒小麦磨成的全麦粉，富含维生素、矿物质和膳食纤维；6.日本国产小麦和天然酵母制作的面团非常细腻，要小心对待；7.加入应季食材制作的蒸面包也很受欢迎

小麦农户的面包　木造校舍

和歌山县新宫市熊野川町西敷屋
☎050-7000-8831
营业时间：不定期

力的土壤才能生长出强有力的健康小麦。小麦收获后直接保存麦粒，每次使用时再根据需要精细研磨。这样既不用担心氧化，而且刚磨好的小麦口味和香气都是最好的。

"如果面粉本身的味道足够丰富，只用酵母、水和盐就能烤出特别好吃的面包。"三枝笑着说。

细细咀嚼面包，感受小麦的甜味儿在口腔中蔓延。和土地密不可分的面包让我们感受到了面包本来应该有的自然表情。

8.研磨之前的小麦粒；9.面包是在红土做的柴火炉里烤的，因此外皮焦脆，里面还能保持湿润；10.能够品尝到所有种类面包的午餐面包拼盘，可以在教室的咖啡馆里享用

很多人不知道的面粉诞生的故事

从小麦到 面包粉

应该有很多人都不知道面粉是如何生产出来的吧。
三枝给我们讲无农药·无化肥培育出的小麦。

开始

1 土地翻耕

由于不使用化肥，三枝夏季翻耕土地一般都从长杂草的地方开始，草长到 30 cm 左右，割下来直接铺在土地上，这样做可以恢复土壤的活力

2 播种

11月上旬播种，次年6月上旬收获。土地充分翻耕后做出高约 10 cm 的田垄，在田垄上每间隔 10 cm 挖一个深几厘米的小洞，往里面放 2~3 粒种子再盖上土

3 发芽

播种后 10 天左右，细长的芽苗就会从土里钻出来了（气温不同，距离发芽的天数会有很大的变化）。长到 4 片叶子的时候（播种后 1 个月左右），开始踏麦苗

4 踏麦苗

12月到次年2月期间要进行3次踏麦苗。在土地非常干的状态下用脚踩麦苗。踩踏可以让麦子更强壮，并且能提高产量

5 成长

不久后茎就长出来了，茎上开始长小麦穗。为了防止倒茎，要多培一些土。4月前后出穗，风吹过绿油油的麦田激起一阵阵麦浪，那景色真的很美

将割下来的小麦摆在露天的地方晒干，一般需要4天左右，含水量会从25%～30%降到15%左右。田里铺满了小麦的情景相当壮观，干燥后颜色会变深一些

脱壳就是把麦粒从小麦穗上一颗颗脱下来。小麦完成干燥之后就可以放进脱壳机处理，剩下的麦秸切碎之后铺在田里还可以用作肥料

6

收获

7

8

干燥

出穗4～5天就开花了，自花授粉后开始结出果实。等到6月上旬果实充分膨胀变成金黄色，就可以收获了。三枝告诉我们："辨别割麦子的时机很重要！"

脱壳

10

9

防止受潮。把麦粒放进密封的容器内置于阴凉处。三枝的田里每年能出产600 kg小麦，每周末面包店需要10 kg左右

储藏

过筛

想要去除混在麦粒里的秸秆和石子等，就要使用一种名为"扇车"的风力选谷机把各种杂质吹走，只留下优质的麦粒

12

完成

11

磨粉

微微呈现出茶色的全麦粉完成了。刚打磨出来的面粉香气和口味都是最棒的！

放进制粉机里磨成粉，这里使用整颗小麦磨成的全麦粉制作面包。需要多少粉就打磨多少，新鲜度不言而喻。这也是木造校舍的面包和市面上卖的面包的最大区别

其实有这么多！

制作面包的 面粉图鉴

面粉是极具代表性的面包粉，
不同品种的面粉有着各自不同的性格。
想不想用个性丰富的小麦制作味道不一样的面包呢？

按照蛋白质含量高低将高筋粉分类，面包蓬松柔软的是最高筋粉，湿润柔软的是普通高筋粉，外皮松脆里面Q弹的是准高筋粉

高筋粉

制作面包最常用的面粉

富含膳食纤维和矿物质

全麦粉

小麦没有做精白处理，磨粉时保留了外皮和胚芽。营养价值高，颗粒比较粗，吃起来沙沙的口感，很特别

上面介绍的面粉可以在这里买到！

面包·点心材料及工具专卖店

CUOCA

直营店：CUOCA自由丘总店
东京都目黑区绿丘2-25-7"Sweets Forest" 1F
☎03-5731-6200　营业时间：10:00 ~ 20:00
休息日：不定休
最近的车站：东急线自由丘站
※分店：新宿、吉祥寺、福冈、高松

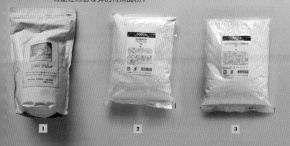

蛋白质含量越少做出的东西越松散，如果要制作点心面包和硬系面包等有嚼劲的面包，大多数时候需要和高筋粉混合使用

中筋粉

适合制作面条和点心

低筋粉

制作面包时与高筋粉混合使用

蛋白质含量不高的日本国产小麦就属于这一类，虽然烤出来的面包看上去没有那么丰满，但麦香味浓郁、组织致密的面包也别有一番风味

黑麦粉

拥有独特的风味和甜味

米粉

让面包的口感更Q弹焦香

将精白米研磨成粉，大米清甜和软糯的口感很受欢迎。市面上有加入了谷蛋白和小麦粉的面包专用米粉销售

富含膳食纤维和铁元素。一般做面包时在高筋粉中加入10%~30%的黑麦粉，黑麦粉是厚重的德国面包里不可或缺的食材

CUOCA集合了个性丰富的面粉

这里为大家选择了营养价值超群的古代小麦、香气浓郁的石磨高筋粉，还有能让口感Q弹的特殊面粉。

1 斯佩尔特小麦

现在普通小麦的原始野生种子，也叫古代小麦。营养价值很高，像果仁一样有种独特的香味。每一口吃下去，小麦浓郁的滋味就充满了整个口腔。

2 石磨高筋粉

优质加拿大小麦经过石臼研磨的日本制面粉，石磨粉的风味和香气都很足。营养价值高，入口能感到淡淡的甜味。

3 CUOCA弹牙 面包专用高筋粉

加入米粉，让口感更加Q弹的CUOCA自制粉。面团特别有劲儿。掰开面包的时候能看到组织很结实，推荐制作贝果。

制作面包的 面粉图鉴

能制作出延展性好的 松软餐包

延展性好，烤出的面包丰满蓬松
这些面粉最适合制作主食面包！

1 北海道产高筋粉
KITANOKAORI

北海道开发的面包粉。在日本国产小麦当中算是很容易控制的，烤出的面包Q弹不粘牙，很适合用来做贝果。面粉本身颜色偏黄。烤出来的颜色更漂亮。

2 高筋粉
SUPER CAMELLIA

只选用小麦最美味部分的顶级高筋粉。烤出的面包不仅蓬松，而且口感像真丝一样细滑润泽。除了主食面包，制作点心面包也值得推荐。

3 加拿大产高筋粉
1CW

推荐给第一次做面包的新手，这款高筋粉100%使用加拿大产小麦，最大的优势就是出品稳定。而加拿大产小麦被认为是全世界最适合制作面包的小麦，烤出的面包组织非常细腻。

4 最强力粉
SUPER KING

以出色的炉内延展性著称，同时拥有适度的弹性。烤好的面包放上一段时间依然蓬松柔软。这种炉内延展度就算使用家用面包机也能感觉得到。

5 最强力粉
Golden Yacht

最适合制作主食面包，蓬松软糯，口感极佳。听说很多酒店都使用这款面粉制作主食面包。它比一般的高筋粉延展性更好，烤出来的面包分量感很足。

6 CUOCA北海道产高筋粉
KONTYARUTO

HARUYUTAKA小麦接近外皮的胚乳，加上HOROSHIRI小麦和HOKUSHIN小麦制作的混合粉。烤出来的面包表皮松脆，内里湿润，主食面包的边边角角也一样可口。

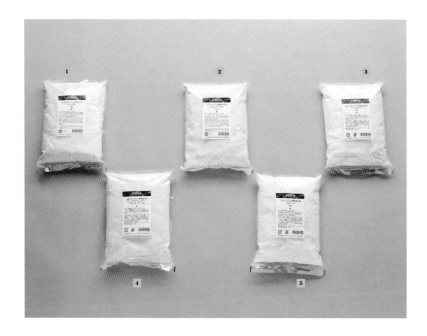

这些面粉最适合焦香的 "硬表皮面包"

想要烤出香脆的面包表皮和富有弹性的内里，就需要一款准高筋粉。
尽情享受小麦浓郁的口感。

① 北海道法式面包专用 准高筋粉
typeER

北海道的气候条件与法国相似，这款面粉使用的是北海道产的HOKUSHIN小麦，香甜的味道在口腔中蔓延，还能品尝到小麦本身的滋味和香气。这款面粉虽然上手不太容易，不过回头客非常多。

② 法式面包专用 准高筋粉
TRADITIONAL

烤出来的法包外皮轻盈松脆，里面是奶油色的，还有粗大的气泡。而且味道很香、很独特。用来做牛角面包和丹麦酥也很适合。

③ COUCA 法式面包专用
准高筋粉 GURISSANDO

100%使用法国产小麦，为了让面包爱好者们自己在家也能烤出硬表皮的法式面包，店铺自行研发了这款面粉。很容易上手，特别适合新手。任谁都能烤出带有淡淡甜味的可口面包。

④ 法国产法式面包专用 准高筋粉
LA TRADITION FANCAISE

法国老字号制粉厂VIRON出品，专门用来制作传统的长棍面包。操作起来有点儿难，不过味道绝对一流。烤出来的面包里面是很有弹性的蜂窝状组织，外皮也非常香脆。

⑤ 法式面包专用 准高筋粉
LYS DOR

日本国内很多家面包店都在使用的人气小麦粉。脆爽的外皮焦香浓郁，内里又特别细腻湿润。专家们也为它打call哦！

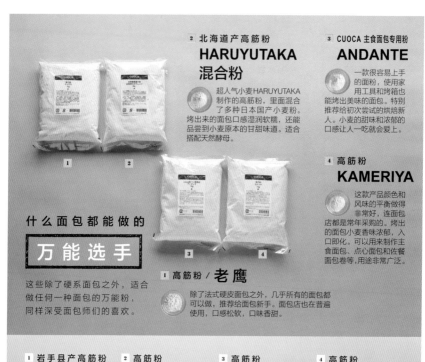

2 北海道产高筋粉
HARUYUTAKA 混合粉

超人气小麦HARUYUTAKA制作的高筋粉，里面混合了多种日本国产小麦粉。烤出来的面包口感湿润软糯，还能品尝到小麦原本的甘甜味道。适合搭配天然酵母。

3 CUOCA 主食面包专用粉
ANDANTE

一款很容易上手的面粉，使用家用工具和烤箱也能烤出美味的面包。特别推荐给初次尝试的烘焙新人。小麦的甜味和浓郁的口感让人一吃就会爱上。

4 高筋粉
KAMERIYA

这款产品颜色和风味的平衡做得非常好，连面包店都是常年采购的。烤出的面包小麦香味浓郁，入口即化。可以用来制作主食面包、点心面包和佐餐面包卷等，用途非常广泛。

什么面包都能做的
万能选手

这些除了硬系面包之外，适合做任何一种面包的万能粉，同样深受面包师们的喜欢。

1 高筋粉 / 老鹰

除了法式硬皮面包之外，几乎所有的面包都可以做，推荐给面包新手。面包店也在普遍使用，口感松软，口味香甜。

1 岩手县产高筋粉
YUKITIKARA

没有任何怪味儿，能衬托出其他配料及夹馅的味道。烤出的面包非常蓬松，不管是点心面包还是硬皮法式面包全都可以做。

2 高筋粉
南方的恩惠

100%使用熊本县产MINAMINOKAORI小麦制作。烤好的面包柔软细腻，口感清淡，特别适合搭配豆馅和芝麻等食材。

3 高筋粉
SAVORY

使用这款面粉让面团更加紧实，面包也更加劲道，有嚼劲。小麦自身的味道比较清淡，可以加入各种配料，享受丰富的滋味。

4 高筋粉
OSYON

最适合制作松软的面包和点心面包。能够衬托出其他食材的味道，想在面包中加入大量水果干和果仁的时候，这款面粉就是不错的选择。

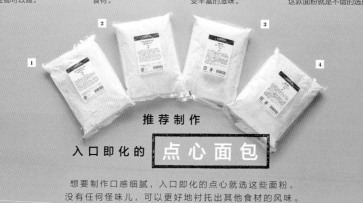

推荐制作
入口即化的 点心面包

想要制作口感细腻，入口即化的点心就选这些面粉。没有任何怪味儿，可以更好地衬托出其他食材的风味。

想要支持！日本的本土面粉

日本各地口味浓郁的日本国产小麦都在顽强地生长着！
一定要尝试的独特风味。

1 岩手县
NANBUKOMUGI

岩手县常年栽培的秋播小麦。小麦粉本身很香，口感好、入口即化是它的最大特色。面团在烤炉中的延展度很好，成品非常饱满，色泽鲜亮。/ B

2 栃木县
YUMIKAORI

香味丰富的高筋粉。栃木县专门为制作面包培育的第一款小麦，延展性非常好。绝对可以烤出蓬松柔软的美味面包。

3 北海道
春之恋

继HARUYUTAKA之后的高口碑小麦品种。延展性好，风味独特，非常适合用来制作面包。这款面粉最大的特点是吸水性特别好，且富含蛋白质。

4 栃木县
TAMAIZUMI

从关东·东海地区到中部地区出产的准高筋小麦。能充分品尝到小麦的甘甜，不仅制作的面包丰满蓬松，而且做中华拉面和荞麦面也很受欢迎。

日本本土面粉

A "CUOCA"
☎ 0120-863-639

B "妈妈的手工面包房"
☎ 077-510-1777

C "柴田的PLACER农场"
☎ 0749-78-1558（数量有限，只面向个人消费者）

D 小麦粉量贩
☎ 0974-68-2177

5 长野县
YUMEASAHI

生长在长野县的小麦，以松本市为中心广泛种植。谷蛋白的黏度很强，非常适合做面包。麦香味很浓，烤好的面包每一口都能吃到小麦的甘甜。

6 神奈川县
湘南小麦

伊势原的名店"BUNOTOWAN"的店主，已故的高桥先生提出"日本人就要吃日本小麦"，这就是在他号召之下应运而生的小麦（不是一个品种，而是注册商标）。

7 滋贺县
NISHINOKAORI

"想用日本国产小麦做面包！"在消费者的强烈呼吁下，培育出了这款在温暖地区生长的硬质小麦。和国外种植的品种相比，烤出来的面包拥有特殊的甘甜和香味。/ C

8 大分县
TIKUGOIZUMI

九州农业试验场开发的，代表九州地区的小麦品种之一。主要用于制作乌冬面，拥有丰富的香味和甜味，口感非常Q弹。/ D

9 熊本县
MINAMINOKAORI

适合在温暖地区种植的硬质小麦，熊本县的认定品种。100%使用MINAMINOKAORI小麦加工的面粉"南方的恩惠"，烤出来的面包口感松软，入口即化。/ A·B

※ 每段结尾标注的A~D表示在日本可以邮寄的店铺

酵 母

YEAST

2*

面包能够膨胀全靠
酵母

让面包膨胀得饱满松软全是酵母的功劳。
酵母原本是什么？制作面包的酵母有几种？天然酵母是如何制作的？
这一章我们就讲一下发酵中不可或缺的酵母。
尝试在自己家里制作酵母烤面包吧！

了解口味丰富的天然酵母

酵母是一种生物，
每天观察很重要

使用应季新鲜蔬菜水果自制天然酵母制作的面包，
就在东京·奥泽的CUPIDO！
主厨东川为我们讲述自制酵母的魅力。

里面有店内用餐区，可以在这里搭配红酒、啤酒和精选的奶酪等享用面包

CUPIDO的主厨
东川先生

面对酵母这种生物

东川先生对我们说："自制的酵母和市面上销售的干酵母相比，最大的特点就是口味的复杂性。同时具有像酸奶一样柔和的酸味和像醋一样刺激的酸味，类似料理中高汤的作用，让面包变得更加可口。"在CUPIDO，制作只使用面粉、盐、水和酵母的简单面包时，就会使用自制酵母。

"酵母的生命活动，是让面包变得美味和口感丰富的原动力。"

酵母本身其实是一种让糖分分解（发酵）成酒精、二氧化碳的菌类。其中，利用水果和谷物自带的野生菌培养出来的叫作自制酵母，也叫野生酵母。因为酵母是一种活性生物，所以总在不断地发生着变化。为了保证在酵母最佳状态时制作面包，每天的观察和"维护"就很关键了。

东川除了固定制作小麦和黑麦的酵母之外，还会制作应季的酵母。

"使用应季的食材，能做出营养价值高且发酵能力强的酵母。"

夏天用番茄，秋天用巨峰葡萄，冬天用苹果等。听东川说，选择糖分高的水果和蔬菜是制作酵母的秘诀。

1.使用18~20种不同的面包粉制作的面包摆在店铺销售；
2.卖相超美的折叠面团酥皮面包；3.店里摆着一些小玩意儿，让孩子们看了都很喜欢

东川去法国进修时曾造访巴黎，被那里牛角面包的味道深深打动了，从此就一头扎进了面包的世界

"了解每种酵母的特性，
在制作面包时发挥出它最大的优势。"

希望食客们感受到自制酵母的风味

　　造访店铺的时候，发现 CUPIDO 制作的酵母有番茄酵母、葡萄干酵母、黑麦酵母和小麦酵母 4 种。这些酵母是区分使用的吗？

　　"番茄是一种非常鲜美的蔬菜，所以相比点心面包，它更适合制作主食面包。番茄酵母略带一些风味，这正是它的特色。葡萄干酵母是全能型选手。黑麦酵母酸味比较重，适合制作重口味的面包，特别推荐给那些喜欢酸味的食客。小麦酵母如果加入普通的主食面包中，可以让麦香味更加浓郁。"

　　东川把握不同酵母的特征，为它们搭配各种不同的面包。当然，酵母与小麦之间的配合也很重要。

　　"搭配小麦和黑麦等酸味较重的酵母，最好选择能中和这种酸味的小麦粉。混入了小麦表皮的小麦粉，灰分和矿物质含量都比较高，使用它搭配偏酸的酵母，简单的面包也能做出可口的味道。"

ARTISAN BOULANGER CUPIDO

东京都世田谷区奥泽 3-45-2 1F
☎ 03-5499-1839　营业时间：10:00~售完为止
休息日：不定休
最近的车站：东急目黑线·奥泽站

CUPIDO 的装修以原木色为主色调，给人一种清新淡雅的感觉。面包摆在柜台里面，客人们要告诉店员自己需要什么

感受季节变化的乐趣

让我们来看看 自制酵母

CUPIDO的自制酵母使用了应季的新鲜蔬菜，会随着季节发生变化。
这次来介绍4种酵母。

个性丰富的多种酵母

培养酵母制作面包种很费工夫，但是也因此增加了面包的美味，是个性丰富的酵母让面包的味道有了变化。

应季的番茄非常鲜美

舔一下浸出的汁水，味道很像葡萄酒

发酵能力强，适合制作点心面包

使用无核小粒葡萄干制作的酵母。葡萄干的糖分很高，越甜越适合做酵母。因为发酵能力比较强，就算是加入大量砂糖的面包也可以发得很好

葡萄干自制酵母

番茄自制酵母

面包面团也会呈现出淡淡的红色

使用高甜度番茄制作的酵母，让面包面团也添加了一些红色。加入只用小麦、盐、水制作的简单面包之中，酵母的风味能很好地发挥出来

类似酸奶的酸味

烤好后散发着小麦的香气

在葡萄干酵母的基础上加入小麦的酵母种。鲜味中加入些酸味，口感很复杂。加入了焙烤小麦和五谷的小麦面包多用这种酵母，能让麦香味更浓

适合搭配有酸味的食物

拥有像酸奶一样柔和的乳酸菌酸味的酵母。随着不断发酵，味道越来越酸，尝受得像醋一样，这一点需要特别注意。适合搭配酸味食品和酱油味浓郁的日本料理

黑麦种自制酵母

各种味道交织在一起

小麦种自制酵母

制作面包不可或缺的

酵母的 种类和名称

无论是操作方法还是风味，酵母归根结底都是一种菌类！
根据原材料和培养方法进行分类。

你知道有哪些种类的酵母吗？

从分类学角度来说，制作面包所使用的酵母全都是一种叫作"酿酒酵母"的菌类。

天然酵母

起名"天然酵母"，是为了和加入添加剂培养出来的酵母区分。发酵时间比较长，制作天然酵母的食材决定面包独特的风味。

AKO面包种的培养方法

准备30℃的温水，加入两倍的温水，搅拌混合面包种（粉末）里，在27℃-32℃温度之下，浓稠型的放置30小时，轻薄型的34小时完成

AKO有机培养酵母轻薄型

适用于法式面包·乡村面包等硬系面包的酵母，加盐就可以很好地突出小麦的风味，烤出来的面包外皮焦香松脆

AKO有机培养酵母浓稠型

仅用大米和小麦做原材料的天然酵母。酵母本身没什么味道，可以充分享受纯粹的麦香。可以制作主食面包、点心面包和丹麦起酥等，算是全能型的酵母

HOSHINO
天然酵母
法国面包种

就算使用高温烤制也不会让颜色过深，烤出的法式面包外皮又薄又脆。还可以用来制作牛角面包

HOSHINO
丹泽酵母面包种

在神奈川县丹泽山一带采集的酵母和酒曲混合制作的面包种。香气浓郁，口感醇厚，烤出来的面包充满大自然的味道

HOSHINO
天然酵母面包种

利用日本自古以来的酿造技术制作而成，将大米培养酵母和酒曲混合成面包种。虽然材料简单，但烤出来的面包香味和口感都很好

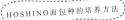

HOSHINO面包种的培养方法

准备30℃的温水，加入两倍的温水，均匀搅拌混合面包种（粉末）里，在28℃下放置24小时完成。做好的面包种放在冰箱里冷藏生（4℃）

鲜酵母

将面包专用酵母提纯培养，压缩成块。代替干酵母使用时，用量是干酵母的3倍。适合用在大量使用砂糖的面团里

速发干酵母

将生酵母加工成颗粒状，方便使用。需要用水还原，速发干酵母可以直接加入面团

纯 酵 母

从面包专用酵母种提纯培养出来的，主要特点是发酵的稳定性好。酵母本身也是来自自然界的。

野 生 酵 母

也叫自制酵母，培养谷物、蔬菜或水果中存在的菌类所得到的酵母。虽然费时费力，但是生成酵母的食材自带风味，能带给面包不一样的口感。

谷物系列

用大米、小麦和黑麦等谷类培养的酵母，最适合制作硬系的主食面包，能让小麦的麦香味变得更加浓郁

蔬菜系列

番茄、洋葱等蔬菜培养的酵母。和水果酵母一样，使用糖度高的应季蔬菜，能提升发酵能力

水果系列

用葡萄干或新鲜水果培养的酵母。使用糖度高的应季水果，可以制作出发酵能力高的酵母。啤梨和巨峰葡萄都是不错的选择

白神KODAMA干酵母

在世界自然遗产白神山发现的纯野生酵母。发酵能力出色，能缩短正宗自然派面包的烤制时间。略带糖分，让面包有一股清甜味

有机天然酵母
干酵母型

将有机谷物的糖分作为营养源，用有机营养素培养起来的干酵母型。具有和纯酵母同等的效力

天然酵母是如何生产出来的？

一起去参观天然酵母的 工厂吧！

市面上销售的天然酵母是怎么生产出来的呢？
我们访问了生产AKO有机培养酵母的AKO天然酵母工厂。

有限公司AKO天然酵母
东京都八王子市中野上町2-25-16
☎ 042-634-8600

1.精心培育出的酵母，不能完全依赖机械化，还要用手工找出里面的小疙瘩搓细；
2.工厂大门口AKO天然酵母的招牌；3.大米发酵后的样子，想达到这种状态需要不到一周的时间；4.整个工厂里都弥漫着酵母甜甜的香气，工人们都是两人一组搭档作业

拥有40年的经验，制作经久不衰的酵母

在专业面包师当中拥有超高人气的"AKO有机培养酵母"，和我们印象中"又硬又酸"的天然酵母截然不同，发酵过程中不会产生多余的香气，也没有任何的怪味，这是它备受支持的理由之一。

AKO天然酵母只选用日本自古以来用于酿造的国产减农药大米，还有加拿大产高级小麦作为原材料。工厂的负责人近藤告诉我们："酵母菌本身没有任何味道和气味，是为酵母提供养料的食材改变了酵母的风味。"使用严选原料制作酵母，经过长时间的发酵让面团自然膨胀，酵素还能激发出面包中的美味成分。

ＡＫＯ天然酵母诞生记

制作AKO有机培养酵母，整个过程耗时两周左右。
不单纯依赖于机器，培育酵母过程中必须借助人工。
我们去AKO天然酵母工厂实地参观了！

1 在焖好的米饭中加水使之发酵

在焖好的米饭中加入小麦和水使之发酵。一周时间里要续5~6次水，一周之后就会像醪糟一样发出甜甜的香味

2 用大锅再焖一些米饭

再焖一些饭，与①混合加速发酵

3 加进曲霉繁殖

酵母菌生成的同时曲霉也在不断繁殖。使用的阿尔卑斯2号酵母与酿酒的酵母是一样的

4 做好的酵母用手搓细

将发酵后的大米和曲霉在机器内混合制作酵母，先要由工人们手工搓细

5 使用机器进一步打细

经过手工搓细之后，还要放入机器，使颗粒变得更细

6 做干燥前的准备

使用机器打细后的酵母，要放在盘子里铺开，让它充分与空气接触

7 干燥一天以上

将盛放酵母的盘子放入恒温的干燥机当中，干燥一天以上

8 AKO有机培养酵母完成

经过充分的干燥，AKO有机培养酵母就完成了。封装后会被送往各家面包店和面包材料店

COBO design
主持

向Ueda家学习
用野生酵母制作面包

只用应季蔬菜、水果制作的酵母、面粉和盐，
Ueda家自制的酵母面包
用极简的材料和方法制作，
口味丰富、营养价值高、易于消化，不会对身体产生负担
而且新手也是零失败哦！
秘诀就是"弄清楚菌类的状态"
"不要给菌类太大的压力""掌控菌类的动向"
Ueda家的Yuu和Yoshimi教给我们各种关于酵母的知识。

让菌类成为主角　发挥更大的效果

简 介

Ueda家

COBO design主持，理念涉及自制酵母面包、酵母及乳酸菌等，从我们身边的菌类到现代人的饮食生活、健康、环境等。人员为超越了类别，设计"舒适关系"的5人家族。他们在东京都目黑区的COBO Lab.举办酵母的培育方法、自制酵母面包的制作、饮食环境设计等各种讲座，每月都有200多人来参加。今年秋天，他们自行研发的冷冻野生干酵母"乳COBO88OKITAMA"将要上市销售。近期出版的著作有《第一次使用季节性酵母成功地做出自制酵母面包》（家之光协会），《Ueda家打造的靓汤》（学阳书房）等

Ueda家提议的自制酵母面包极为简单。除了应季的苹果、葡萄、番茄等培养出的野生酵母之外，只需要面粉和盐。第一次发酵大约需要3个小时，第二次发酵在1小时以内，之后就可以进行烤制了。整个过程的关键都是"如何调动酵母的活性"。

而前提是，要使用能量十足的无农药（或低农药）整个蔬菜和水果，包括果肉、果皮和籽在内。先在低温下储藏，让乳酸菌发挥作用。在移至常温环境之后，经历一个慢慢向"甜"和"鲜"变化的发酵过程。

"植物为了能留住自己的籽，用结实的外皮包住了果肉。成熟之后，香气透过果皮散发出来，当动物们闻着味儿跑来大口吃果子的时期，也是制作面包的最佳时机。和单纯以让面包膨胀为目的的纯酵母不同，野生酵母能将菌类产生的营养和香气融入面包当中。"Ueda家的长子Yuu告诉我们说，"说到底菌类才是主角，既要创造一个适宜菌群活动的环境，又不能插手破坏菌群的活动。"

只要能把握住这一关键信息，无论是制作面包还是烹调菜肴，谁都可以将酵母用得心应手了。

番茄、葡萄、柿子、橘子、啤梨、洋葱，
利用这些五颜六色生长在不同季节的蔬菜和水果，
我们一整年都制作美味的野生酵母面包！

制作面包的各种酵母

番茄酵母

最好挑选皮厚的小粒迷你番茄，酵母味道很鲜美，适合制作比萨和苏打饼干

番茄酵母制作的意大利长棍面包，使用长时间发酵的4级酵母，口感像奶酪一样浓郁

洋葱酵母

长时间熟化、保存的洋葱最适合发酵。用来做意大利长棍面包之类的小吃很不错

尝试中的洋葱酵母苏打饼干，浓郁的香味不亚于奶酪球，其实只用了面粉、洋葱酵母、红花油和盐

橘子酵母

要选择个小皮紧、果肉扎实的橘子。可以充分利用薄皮的果胶和厚皮的香气。适合制作不使用砂糖、黄油和鸡蛋的软面包和烘焙点心

橘子酵母制作的布里欧修，表面呈现出焦糖的颜色，就像使用了黄油和鸡蛋一样，口感非常丰富

柿子酵母

有偏红的也有偏黄的，一定要选择富有柿香的和口感上柿子吃了之美完全不涩的品种，最好是很硬的小柿子

啤梨酵母

口感滑腻，质感类似酸奶的啤梨酵母。烤出的面包最大特点就是像丝绸一样细腻，组织致密、入口即化

葡萄酵母

最好选用司特本、贝利A鹰香等用于制作葡萄酒的品种。因为糖度高，易于发酵，有了它们就算是新手也能挑战乡村面包这种大家伙了

首先是最基本的

苹果酵母的培养方法

在各种适合制作面包的酵母当中，这次要教给大家的是苹果酵母的培养方法。装罐后的酵母首先要放入冰箱冷藏，之后再常温放置。

❶ 擦苹果泥

将苹果表面冲洗一下，连皮一起擦成果泥。使用工具擦泥的时候动作要轻快一些，尽量不要给水果造成负担

❷ 装瓶八分满

将苹果泥装入450 mL容积的拧盖瓶，大约装到八分满（红玉苹果2个，富士苹果约1个半）。如果超过这个量，发酵过程中食材膨胀，瓶子有爆裂的风险

适合哪些面包？

弄懂发酵的等级

从冰箱里取出酵母，放在常温（25℃）之下，加速发酵。搞清楚发酵时期的季节再制作面包，这才是正宗的Ueda家的做法。

Level-1
▽
常温2~3天

能感觉到甜味
酵母就是刚擦成果泥不久后的褐变状态，非常甜

Level-2
▽
常温3~5天

能感觉到甜味和鲜味
酵母的颜色变淡了一些，周围出现了气泡。这时候打开瓶子能听到"噗咻"一声

1.5~2级

贝果

苹果的糖分释放出来，让这款小贝果非常香甜。富含乳酸菌，对身体非常好

2级

亲子面包

大、中、小3个圆面包连在一起，很像是菌类的共生。面包非常松软，鲜味和甜味平衡得恰到好处。制作方法见P74~P75

2~3级

司康

2级酵母还有甜味，到3级就是原味司康了。用低温慢烤，外皮松脆，里面比较湿润

【材料】
苹果（富士、红玉、乔纳金等）……2个
拧盖瓶（450 mL装）……提前煮沸消毒

❸ 放入苹果核

装入包括生命核心——籽在内的苹果核，能够提高发酵能力。苹果核的两头总是接触外面的空气，隐藏了不少细菌，所以要切掉

❹ 放入冰箱

装瓶的酵母要在冰箱里放10天，这与酿酒时的"寒造"是一回事儿。在低温下乳酸菌不断发酵，同时抑制各种细菌的滋生，只有生命力最强的酵母菌才能存活下来

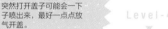

注意Level-3的酵母如果突然打开盖子可能会一下子喷出来，最好一点点放气开盖。

Level-3
▼
常温5~8天

能 感 觉 到 鲜 味

大量的酵母冒出来，颜色变淡，果肉变成了很暗软的样子。带有类似酒精的香味和鲜味

Level-4
▼
常温8~10天

能 感 觉 到 甜 味 和 酸 味

4级的苹果酵母就不适合做面包了，不过洋葱和番茄酵母做出来的面包像奶酪一样香味浓郁

3级
乡村面包

使用发酵达到顶峰的酵母，高温烘焙。表皮焦香，内里软糯。是一款满意度很高的主食面包

3级
方面包

面团很湿润，吃起来很有满足感。边长7.5 cm的方形主食面包。就算不涂黄油和果酱也足够可口

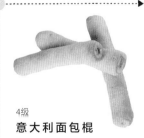

4级
意大利面包棍

意大利面包棍的口味会因为发酵级别不同而发生变化。番茄和洋葱酵母达到4级之后，做出来的味道像奶酪一样，是那种层次丰富的美味

自制 苹果酵母面包

材料只有自己培育的苹果酵母、高筋粉和盐,简单到惊人。一次发酵大约3个小时,二次发酵1个小时,只要半天就能完成。看到面团的各种变化,感受野生菌是如何发挥作用的。

\ 开始! /

在搅拌盆里加入高筋粉和盐,搅拌均匀。把苹果酵母连同果肉一起全都倒进去。

❶ 加入材料

用手轻柔地混合,千万不要「弄疼」苹果酵母。不用太用力,利用搅拌盆的边缘,把面团拢在一起

❷ 混合

用面团吸水多的部分蘸取搅拌盆下面的干粉,慢慢捏在一起,直到搅拌盆里没有多余的面粉

❸ 捏成团

在操作台上撒薄面,取出面团。一手压住面团,一手在面团上滑动拉伸,再捏成团,反复多次,这个步骤可以产生谷蛋白。让面团更有黏性和弹性

❹ 拉伸

将面团聚拢,在操作台上滚动,再将面团两端折叠拉伸。注意整个过程要快,不要让面团温度升高

❺ 揉面

将面团轻轻放入容器内,进行一次发酵

❻ 放入容器

一次发酵

盖上密封盒的盖子,在22℃~25℃的环境中静置约3小时。这个时间要根据不同的季节和温湿度进行调整。面团发到3倍大的时候,表面能看到漂亮的气泡,这个时间刚好。

手上沾一些干粉,去按压面团。如果小洞没有马上回弹,说明一次发酵完成了

❼ 确认发酵

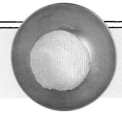

【材料】（3人份）
高筋粉（尽量使用日本产的）……180 g
苹果酵母……120 g
盐……约2 g

在操作台上撒薄面，用刮板把面团取出来，轻柔地折叠面团去除气泡。将面团分割成50 g、30 g和20 g的各3团

⑧分割面团

二次发酵

如果时间过长面团会瘫，所以要控制在1小时之内。

分割好的面团，用手掌心轻轻按压排气

⑨排气

膨胀起来的面团都连在一起，这说明二次发酵完成了。朝面团上空喷水，落下来的水雾会包裹住面团，放入预热到180℃的烤箱，将温度调到160℃烤15分钟

⑫喷雾

将面团放在操作台上滚圆，把粘在台面上的面揪下来捏回去

⑩搓圆

完成！

在烤盘上放一张烘焙纸，将最大的面团放在中间，中小的面团摆在左右两侧。这样的造型一共摆好3组

⑪摆盘

⑬出炉

面团鼓得像小气球一样时就烤好了，酵母慢慢起效的圆面包香甜可口，口感非常柔和，适合与家人一起分享

盐
SALT

突出小麦美味是
盐的魅力

调味功能就不用说了，还可以帮助酵母发酵，让面团更紧实等，
盐承担着各种重要的作用。
虽然面团中只有2%的盐，可它的世界却很深奥。
理解了面包和盐的关系，你和面包的美味关系又更近了一步。

什 么 是 适 合 做 面 包 的 盐 ？

和面粉的 组合 是无穷无尽的

面对数量多得数不清的盐，我们应该如何选择呢？
分清3种盐，在Open Oven*学习选择盐、
使用盐的方法和技巧。
*Open Oven有打开烤箱的意思。

Open Oven
的本多夫妇

1.店内的就餐区有沙发位，也有餐桌位；2.老板本多；3.Open Oven不卖点心面包，不过却有各种各样的马芬蛋糕

对于面包来说盐起到的关键性作用

　　对于面包来说，盐有3个作用。第一是味道，不放盐的面包感觉索然无味。第二是帮助酵母工作，让酵母发挥更大作用。第三是加入了盐的面团会变得更筋道。尽管盐在面团中所占的比例非常小，但对于面包来说它绝对是一个不可或缺的原料。

　　本多告诉我们："为了选择适合面包的盐，我把所有能找到的盐都试了一下。"决定使用日本国产小麦HARUYUTAKA制作面包之后，就开始寻找一种能够衬托出小麦的盐。

　　"小麦和盐的组合不计其数。但是我还是要找到好吃的盐，还有和小麦最适合的搭配。HARUYUTAKA小麦粉自带甜味，最大限度地突出这个甜味就是关键了。"

　　经过反复的摸索尝试，本多选出了3种盐。它们分别是，以墨西哥·澳大利亚日晒盐为原料制作的伯方盐、意大利西西里岛特拉帕尼的日晒未提纯细粒盐MOTHIA和法国盖朗德盐田出产的盖朗德盐。3种盐各有特色，不过都是富含矿物质的海盐。

　　在"Open Oven"，3种盐是区分使

4.老板是做意大利料理出身的，很多客人是冲着店里的熟食来的。蔬菜含量丰富的熟食和面包是最受欢迎的组合；5.上面放了蔬菜和奶酪的佛卡夏有很多种；6.佛卡夏进烤箱之前还要再撒一次盐

用的。制作佛卡夏和比萨等意大利面包时，就使用意大利的盐MOTHIA。其他的面包都以伯方盐为主。盖朗德盐一般是为了提升口感，在入炉之前最后撒上一些。

如果能适当调整使用盐的时机，面包会变得更好吃。

"盐一般都是在制作面团的时候一起揉进去，不过制作副食面包时，如果上面放了会出水的蔬菜，面团本身要减盐，最后再撒上一层盐弥补咸度，这也是让面包更美味的秘诀。"

这样做的话，当烤制的时候水分蒸发，蔬菜和盐的鲜味都可以渗入面包。

了解盐的味道和作用，在使用方法上多下些功夫。当你能够自如地调整盐的用量，也就说明离自己喜欢的面包又走近了一步。

如果能巧妙地用盐，面包的手艺也能更精进。

一「将盐揉进面团，表面撒或涂抹，虽然量很少，但是盐在调味上起了至关重要的作用。」

1. 人气甜点奶糖吐司。将店里拿手的主食面包切厚片，涂上黄油烤脆，再把自制的香草冰激凌放在上面。黄油的盐分提升了冰激凌的甜度；2. Open Oven 使用的3种盐

Open Oven
千叶县市川市市川2-30-25
☎ 047-324-8067
营业时间：8:00~19:00 最近的车站：JR总武线·市川站

周六周日，店里会销售本地种的有机蔬菜，常能看到一些少见的品种

根据不同种的面包

发现盐的 最佳用量

盐不仅可以调味,
还可以将揉面时产生的谷蛋白(蛋白质)连接在一起。
在掌握了基本用法之外,针对不同类别面包的用盐建议!

一般盐占整体的1.5%

根据使用的小麦和盐品种不同,用量也要有所调整。不过最少也要1.5%的盐,用来增加面团的黏稠度。需要调整的时候,要"少量多次"尝试。

> 1.5%~1.8%较好吃!

关键是调动起面粉的美味

黑麦粉和全麦粉不会形成谷蛋白,不加盐的话面团就会很松散。面粉也是一样的,不过要在1.5%~1.8%调整,找到能够调到自家面粉美味的最佳比例

和岩盐搭配也很美味

贝果的盐分在1.5%~2%调节,有时候为了提升口感会在表面撒一些岩盐,这种情况下,为了能吃出岩盐自带的一丝甜味儿,就需要控制面团的盐分了

> 一般采用1.5%!

硬系面包

> 如果是佛卡夏,推荐2%!

> 1.5%~2%!

餐包

主食包

贝果

搭配黄油吃的时候要注意控制

因为大多数情况下餐包都是搭配黄油来吃的,所以为了能突出黄油微微的咸味,减少面团所用盐的比例会更可口。1.5%的盐能恰到好处地体现出面粉麦香味和黄油的风味

最后撒上盐调味

上面搭配味道浓郁的蔬菜、奶酪等时,盐分控制在1.5%左右。也可以在表面撒盐调味。制作意大利的佛卡夏最好是2%,稍微多一点儿盐,味道更正宗

关于盐想了解更多！

从制法学习 盐图鉴

不同的制法能做出各种不同类型的盐。
这次我们请到服部营养学校点心面包科教授若松桂枝先生，
请他给我们讲讲不同制法的各类食盐。

海盐 其实所有的盐原本都来自海水，不过根据原料和制法的不同，盐的种类分为：日晒海盐、煎焙盐、再生盐、离子交换膜盐。

日晒浓缩盐

日晒浓缩盐就是靠阳光照射蒸发海水制出的盐。其中的日晒海盐就是只经过日晒制成的。而煎焙盐是将盐田里日晒浓缩后的盐，再放入大锅中炒制结晶制成的。

日晒海盐

煎焙盐

粟国盐（日晒）

用冲绳县粟国岛周边的海水做原材料，利用风和阳光使水分蒸发，再放到室温中经过20天左右的结晶，之后脱水·烘干就完成了

庆和盐

产于越南庆和的日晒盐田，海水全靠日光慢慢结晶，需要大约2个月的时间。独特的日晒制法让盐的口味相当丰富

粟国盐（煎焙）

冲绳县粟国岛的海水用柴火烧制而成的盐。柴火的远红外线功效打造出这款优质的食盐，同时考虑了矿物质的平衡，非常有益于健康

海之晶 HOSHISHIO

在日本极为稀少，100%使用伊豆大岛产海水制作的日本国产日晒盐。缓慢溶解的粗粒结晶体是它的特点，这款盐口感柔和，回味无穷

盖朗德盐

产于法国西海岸布列塔尼地区的盖朗德盐田。从9世纪至今，一直坚持传统技法，全都是制盐工匠纯手工完成的

海之精 粗盐

这款盐让日本传统制盐法和成分复活了。在伊豆大岛的盐田经过日晒浓缩的海水，用平锅煮，口感非常温和

岩盐

由于地壳变动造成海底隆起，被封在陆地上的海水的水分蒸发之后，经过长时间的浓缩，结晶化产生的盐。

阿尔卑斯萨尔茨

来自德国阿尔卑斯山脚下的哈莱因岩盐层，口感丰富浓郁，能突出食材的鲜味

蒙古水晶 高级岩盐

开采自蒙古国乌布苏盟DABUSUTO山，只选取岩盐结晶最好的部分，粉碎后制成纯白色的岩盐。口感很温和，带有一丝甜味

再生盐

把从澳大利亚和墨西哥等地进口的海盐溶解，加入卤水等矿物质成分后再结晶制成的盐。

离子交换膜盐

将海水通过离子交换膜法进行浓缩，制成浓盐水，再用大锅煮制结晶的食盐。钠的纯度很高。

赤穗天盐

产于兵库县的赤穗盐田，采用江户时代传承至今的含有卤水的传统制盐法。使用澳大利亚的日晒盐和卤水

昔盐

将经过日晒自然蒸发的日晒盐溶解，使用传统的平锅慢慢煮制，形成一整片结晶盐，同时加入卤水，达到矿物质的平衡

濑户HONJIO

只使用濑户内海的海水制作的100%日本国产原料粗盐，其中含有很多同样从濑户内海采集来的卤水

伯方盐

使用澳大利亚或墨西哥产的日晒盐盐田盐，在爱媛县的工厂加工的食盐。特色是咸度适中

蓝色海洋SHIMAMASU

先用冲绳的海水溶解墨西哥或是澳大利亚的日晒盐，再用平底大锅慢煮结晶。盐的口感很好，还能突出食材的味道

> 盐的制法都写在包装的背面

盐的制法就写在包装的背面，原材料名和加工工艺都有标注，可以仔细看一下。如果是再生盐的话，原材料名会写"日晒盐"，工艺会写"溶解、焙烤"。

制造方法
原材料名：日晒盐
加工工艺：溶解·焙烤

水

WATER

让原料成团的
功臣

精选的面粉、盐还有亲手制作的酵母等材料，
想要做成面包面团，最重要的就是水分。
其实，不同特点的水制作出来的面包也是有差别的，
向讲究用水的面包师请教，了解水和面包不可思议的关系。

利用水的硬度展现

TOTSUZEN BEKER'S KITCHEN
的主厨内山芳雄

面包的个性和地方特色

内山主厨说："日本的水适合做日本特色的餐包和副食面包，
法国的水适合做法国特色的简单面包。"
那如此讲究的精髓是什么呢？

一边制作一边确认面团的状态，根据温湿度的变化，就算制作同款面包也需要调整水的硬度

水中所含的矿物质为面包增添个性

TOTSUZEN BEKER'S KITCHEN 所用的水分为两类，一类是日本本地硬度 36 的软水，另一类是法国产硬度超过 1400 的超硬水。内山主厨告诉我们："将水混合之后，用硬度不同的4类水来制作面包。"不同硬度的水，会给面包带来怎样的变化呢？一般会体现在面团的硬度、风味和发酵时间这几方面。

"硬度高的水中所含的钙质，能保持住发酵面团的美味。镁元素具有保水效果，让面团不容易变干。"

还有，水的硬度越高，面粉和水相互渗透得越慢，比较适合制作需要低温长时间熟化的面包。相反地，加入牛奶、鸡蛋和砂糖，想让面团更加蓬松的时候，最好选用个性不突出、硬度低的软水。

一般情况下，酵母在 27℃ 左右被激活。在 TOTSUZEN BEKER'S KITCHEN 就按照这

1.店里从日本特色面包、副食面包到硬系面包，应有尽有；2.计算混合比例的计算器是工作间的必需品

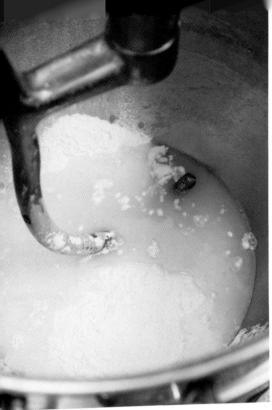

个标准，通过调节水温，将发酵时间短的主食面包设定在26℃~27℃，需要低温长时间发酵的法式面包设定在22℃，牛角面包和丹麦酥皮面包的面团要在20℃揉成，按照这个标准调节水温。

此外，使用自制酵母时，用水也是有讲究的。主要是德国面包的酸面种要选用硬度600的水，长棍面包和乡村面包用的鲁邦种要用硬度900的水。

"欧洲水一般都比较硬，所以酵母也使用接近当地硬度的水，这样做味道会比较正宗。"

就在我们身边，也是最容易被忽视的食材就是"水"。正是对水的一丝不苟，成就了大厨的美味面包。

「水的硬度和温度都直接影响到面团的状态。」

精选出来的水与面粉相遇的瞬间

内山主厨认为面团的软硬程度不仅取决于水的用量

TOTSUZEN BAKER'S KITCHEN
神奈川县横滨市港北区大仓山2-1-11
☎ 045-548-0568
营业时间：7:30~19:00
休息日：周一
最近的车站：东急东横线仓山站

水做出了风味 各异的面包

1.按照法国传统制法制作的长棍面包等，店里的法式面包很受欢迎；2.人气单品，比萨使用软水打造出松软的质感

TOTSUZEN BEKER'S KITCHEN出品的

不同硬度水 制作的面包

内山主厨会根据自己想要达到的面包特色和效果，
区分使用混合水。
我们从40种面包中选取了一些介绍给大家。

硬度
36~60左右

法式面包如果想让内里更
松软就用硬度100~300
的中硬水

硬度
100~300

柔软蓬松的面包

熟化时间短，想要做出柔软蓬松的效果，就选用
硬度在36~60的软水。日本特色的副食面包就
很适用

巴塔面包和乡村面包

硬度
300~600

使用自制的酸面种，在每周固定日子制作的
德国面包，选用硬度在300~600的水。可
以让酸度高的酵母更有黏性，味道更浓郁

每日一款德国面包

硬度
1000左右

采用法国传统制法的长棍面包，选择硬度过高的水长
时间低温熟化。必须要使用保水力高的硬水

法国传统长棍面包

换地方也要更换水吗？

想用来做面包的 10 款水

在自己家里做面包的话，选择什么水呢？
这里我们挑选了在日本比较容易买到的10款水，它们的硬度各不相同。
下面分别介绍一下每100 mL内所含的成分。

硬度
0~178

软 水

几乎不含矿物质的水，
日本的水基本都是这
种软水。

1

硬度：30

三得利天然水（南阿尔卑斯）

以甲斐驹岳为中心的南阿尔卑斯群山中
孕育的天然矿泉水。

Na：0.4mg~1.0mg　Mg：0.1mg~0.3mg
Ca：0.6mg~1.5mg　K：0.1mg~0.5mg

2

硬度：36

天然润水

位于雄伟的富士山脚下的静冈县沼津市
水库内的碱性天然水。

Na：0.66mg　Mg：0.32 mg
Ca：0.92 mg　K：0.13 mg

3

硬度：38

CRYSTAL GEYSER

位于美国西海岸，加利福尼亚州的国家
森林保护区内"芒特沙斯塔"火山的山
脚下涌出的水，直接灌装。

Na：1.13 mg　Mg：0.54 mg
Ca：0.64 mg　K：0.18 mg

4

硬度：60

Volvic

经过法国奥弗涅地区的火山层过滤，取
自地下90 m的天然矿泉水。

Na：1.16 mg　Mg：0.8 mg
Ca：1.15 mg　K：0.62 mg

中硬水

硬度
178~357

不算软水也不算硬水，含有一些矿物质的水。

5

硬度：**304**

依云

在法国阿尔卑斯山附近的埃维昂小镇，不接触任何污染源，静静流淌了15年的纯天然矿泉水。

Na: 0.7 mg　　Mg: 2.6 mg
Ca: 8.0 mg

6

硬度：**315**

Vittel

法国东北部的孚日山脉脚下的水质保护地区孕育的天然水。

Na: 0.77 mg　Mg: 2.0 mg
Ca: 9.4 mg　　K: 0.5 mg

7

硬度：**342**

willow water

英格兰西北部湖区的西洋白柳林里涌出的天然矿泉水。

Na: 1.4 mg　　Mg: 1.45 mg
Ca: 11.3 mg　K: 0.17 mg

硬水

硬度
大于357

富含钙、镁等矿物质的水。硬度越高个性越强。

8

硬度：**420**

GALVANINA

取自意大利最古老的取水地之一，里米尼近郊的天然矿泉水。

Na: 3.2 mg　　mg: 2.5 mg
Ca: 12.7 mg　K: 0.16 mg

9

硬度：**1468**

Contrex

取自法国东北部贡特泽维利的取水地，是法国首款官方承认的天然矿泉水。

Na: 0.94 mg　mg: 7.45 mg
Ca: 46.8 mg　K: 0.28 mg

10

硬度：**1612**

COURMAYEUR

阿尔卑斯山脉的勃朗峰南侧，取水地位于海拔1224 m，此款水是经过石灰岩等地层过滤的超硬水。

Na: 0.08 mg　mg: 7.0 mg
Ca: 53.0 mg　K: 0.2 mg

※软硬水的区分方法不是唯一的，还有的标准将0~100的称为软水，101~300的称为中硬水，301以上的称为硬水。

应用篇
ADVANCE

面包烘焙对比教室！实验室主任滨田美里老师

使用不同的材料到底有多大的区别，让我们来实践一下吧！

面包的烘焙对比教室！

我们在家里自己烤面包的时候，不同的面粉、酵母、盐和水能产生多大区别？
让我们跟着滨田美里老师一起验证一下吧！

实例 1

面粉 [FLOUR]

试着换面粉！

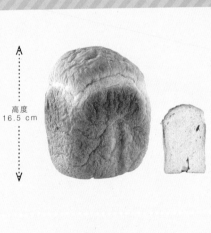

高度 16.5 cm

金色帆船粉
（蛋白质含量13.5%，灰分0.41%）

谷蛋白含量最高的高筋粉。"揉面的时候就感觉延展度超高"，口感也绝对够松软。

口感 非常松软
香气 浓
口味 有甜味

高度 15.7 cm

CAMELLIA粉
（蛋白质含量11.8%，灰分0.37%）

烤面包常用的一款高筋粉，谷蛋白含量高。"其他实验也是使用这款面粉做比较的。"

口感 松软
香气 淡
口味 由于配方复杂，味道和其他面包相似

面 粉

"我们都觉得如果原材料的组合发生变化，味道自然也会变。今天就来做一个实验，根据不同的主题，比较各种条件下面包的区别。"

桌子上摆着16种面包，让我们先从面粉开始吧。

"选择面包粉的标准之一就是蛋白质的含量。"

一般蛋白质含量高的容易形成谷蛋白的面粉，容易发，口感松软。相反的，蛋白质含量少的面粉不容易发，口感是糯糯的。

"这次加入了比较多的配料，所以面粉本身的香气和味道差别不是很大。每种面包都发得不错，但是口感是有差别的。"

蛋白质含量 13.5% 的金色帆船粉口感就特别松软，相反的含量 10.7% 的 LYS DOR 粉做出的面包就特别湿润软糯。

条件
※主食面包

- 速发干酵母……2.4 g　盐……4.5 g　面粉……250 g
- 自来水……175 mL　砂糖……18 g　黄油……10 g
- 脱脂牛奶……6 g
- ※ 所有面包用都是相同的食谱和家用面包机
  （材料稍多的配方）

蛋白质含量越高，越容易形成谷蛋白，面团也膨胀得越好。那么蛋白质含量能在多大程度上影响到膨胀程度和口感呢？

YUKITIKARA粉
（蛋白质含量11.0%，灰分0.46%）

岩手县产的面包用高筋粉。"膨胀得很好，口感也很弹糯。"

口感	弹糯
香气	中
口味	由于配方复杂，味道和其他面包相似

高度
16 cm

LYS DOR粉
（蛋白质含量10.7%，灰分0.45%）

原本是制作法式面包用的准高筋粉。"揉面的时候觉得手感发飘，还有点儿担心，没想到发得不错。"

口感	弹糯
香气	中
口味	由于配方复杂，味道和其他面包相似

高度
17 cm

酵　母

接下来看看决定面团发酵的酵母。

"这次选用的是 HOSHINO 天然酵母、白神 KODAMA 酵母、一般的速发干酵母和有机食材无添加培养的有机天然酵母。"

HOSHINO 天然酵母、白神 KODAMA 酵母个性比较强。每口面包吃下去，都能感觉到浓郁而复杂的风味在口腔中蔓延。

每种酵母的香气都不一样

改变酵母的实验，发现最大的区别还是香味上，发酵能力都差不多

实例 2

酵 母 【YEAST】　　试 着 换 酵 母！

HOSHINO天然酵母
（生种）

大米制作的酵母，是需要活化的类型。"和外国面粉搭配很好，口味浓郁。"

口感　湿润弹糯
香气　酵母的芳香
口味　越嚼越感觉各种复杂的味道在口中完美融合

高度
16 cm

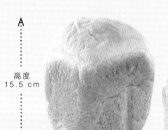

白神KODAMA酵母
（干）

为培养白神山地区野生酵母而制作。"复杂的香气特别诱人，不过还是感觉这款酵母更适合本土的小麦。"

口感　湿润弹糯
香气　酵母的芳香
口味　味道很复杂，吃起来有些偏咸

高度
15.5 cm

面包看起来都很像，
为了不搞混就标上了号

"HOSHINO 和进口小麦 CAMELLIA 契合度也不差哦！白神 KODAMA 好像还是更适合日本国产的小麦粉。"

使用一般的速发干酵母，嘴里会留有一些添加剂的味道。

"我感觉舌头上留下了一些乳化剂的香味。"

有机培养的干酵母余味清爽，让人吃过难忘。

条件
主食面包

- 面粉（CAMELLIA）……250 g ・ 盐……4.5 g ・ 上白糖……12 g
- 黄油……8 g ・ HOSHINO天然酵母……生种26 g、自来水……145 mL
- 白神KODAMA酵母……干的5 g（预备发酵时需要温水……15 mL）、自来水……150 mL ・ 速发干酵母……2.4 g、自来水……175 mL
- 有机天然酵母（干酵母）……3.8 g、自来水……175 mL

本次选择了日本原产的"HOSHINO天然酵母""白神KODAMA酵母"，还有不需要活化和预备发酵的干酵母，选了普通品种和有机培养品种。那就让我们来看一下风味会有怎么样的变化吧。

速发干酵母

普通类型的速发干酵母。
"吃过之后，嘴里留下了一些添加剂的味道。"

|口感| 松软干爽
|香气| 甜香
|口味| 有少许后味残留

高度
15.5 cm

有机天然酵母
（干）

有机谷物制作的酵母，不使用任何的化学制剂和添加剂。"后味非常清爽。"

|口感| 松软干爽
|香气| 甜香
|口味| 很清爽

高度
16.1 cm

盐

　　盐和面粉、酵母、水不一样，它在面团中所占的比例是极小的。因此为了能更好地分辨出味道的差异，实验用小圆面包代替主食面包，同时采用了最简单的配方烤制。此外，所有面包都采用了盐占面团分量 2% 的高浓度比例。实验中选择的是煎焙海

上：只有盐的实验选用了圆面包而不是主食面包。把面包切成小块试吃；
右：老师正在认真地阅读烤面包时留下的记录

实 例 3

盐 【SALT】

试 着 换 盐 !

海盐
（煎焙）

日本的海盐是在窑里焙烤的，富含矿物质。"味道很柔和，吃不出什么咸味。"

口感 湿润
香气 和其他的一样
口味 柔和

海盐
（后期加入了卤水）

制盐的时候，后期加入了卤水。"咸味不明显，不过感觉余味有一点点苦……"

口感 湿润
香气 和其他的一样
口味 余味有一点点苦

先切成两半，看断面和质感没什么区别，那味道呢？

盐、后期加入了卤水的海盐、岩盐和精制盐 4 种。那么，使用不同的盐，会对面包的口味产生多大的影响呢？

"能感觉到精制盐（盐化钠占 99% 以上）的咸度很高。加入同等分量，海盐和岩盐（盐化钠占约 70%）要柔和很多。不过到底是因为盐分含量不同，还是因为矿物质里自带鲜味，就不清楚了。"

条件

- 面粉（CAMELLIA）……150 g
- 速发干酵母……1.5 g 自来水……100 mL
- 盐……3 g（面粉的2%）
- 上白糖……4 g
※相当简单的配方

实验选择了岩盐、精制盐和制法不同的 2 种海盐，一共 4 种。盐占面粉的比例统一为 2%，在这种高浓度的配比下进行比较。盐不同到底有多大影响呢？

岩盐
（澳大利亚）

"这款咸味也不是很明显，虽然比不上海盐，但已经很柔和了。"

口感 湿润
香气 和其他的一样
口味 柔和

精制盐

"吃第一口的时候，就感觉咸味很重。是因为盐化钠含量比其他品种高吗？"

口感 湿润
香气 和其他的一样
口味 感觉盐味很重

水

镓和钙含量的不同决定了水的硬度。而这个硬度又直接关系到了面包的口感和味道。

"日本的软水非常清淡，烤出来的面包吃起来就像白米饭。相反地，要是使用硬度 1468 的硬水，就算是普通的主食面包，也能吃出硬系面包

上：面包切成两半，看一下断面；下：再切成薄片试吃。"在同样条件下烤出来的面包，味道还是不一样的。"

实例 4

水【WATER】　试着换水！

硬度30
（日本）

日本市面上销售的矿泉水，就是我们说的软水。"面包也很清爽，味道淡淡的。"

口感 松软干爽
香气 甜香
口味 清淡平和

高度 16 cm

硬度318
（法国）

"和硬度30的水相比，多了一些风味。用的是进口面粉，也可能是因为水和面粉比较配吧。"

口感 松软
香气 和其他的类似
口味 清爽可口

高度 16 cm

实验成功

水引起的变化很有意思，尽管使用了相同的面粉和酵母，味道却相差很多

厚重的口味。原来使用的水不同，面包的味道会发生如此大的变化，真的很有意思。"

在为面包痴迷的世界里，选择哪种材料怎么组合，是没有统一标准和答案的。只不过"使用同一个产地的材料相互搭配"好像更适合一些。了解各种材料的个性，尝试各种搭配，找到自己喜欢的面包。

条件

- 面粉（CAMELLIA）……250 g ・速发干酵母……2.4 g
- 水……173 mL ・盐……4.5 g
- 上白糖……14 g ・黄油……10 g
- 脱脂奶……4 g

水里所含的矿物质和钙的比例不同，所以硬度也就不同。日本的水硬度很低，欧洲的水就偏硬。这样硬度的区别对面包的口感和味道会有什么影响呢？

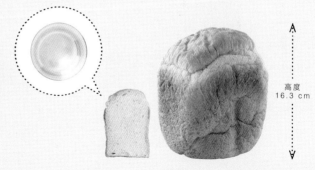

硬度420
（意大利）

与硬度318的水风味基本相同。"可能是100左右的差距感觉不太出来吧。"

口感	松软
香气	和其他的类似
口味	清爽可口

高度 16.3 cm

硬度1468
（法国）

"这个区别就很明显了。"面包更有嚼劲，口感厚重，口味也很特别。

口感	湿润
香气	和其他的类似
口味	厚重浓郁

高度 16.5 cm

向面包店和餐厅偷师

制作面包使用 [这些材料]

虽说制作主食面包有各种各样的面粉、酵母、盐和水，
不过制作一款基本的主食面包都需要选择什么样的材料，
有什么选择标准呢？让我们一起来搞清楚吧！

signifiant signifie
[P14]

白崎裕子
[P8]

乌冬粉
也能烤出松软
的面包

实现药食同源的庞多米面包

- **面粉**……北美产和法国产的混合粉
- **酵母**……米曲、啤酒酵母和葡萄干酵母混合
- **盐**……庆和盐
- **水**……深海水、自来水

点评

我会使用米曲、啤酒酵母和葡萄干酵母混合
的自制酵母，味道温和可口。搭配富含矿物
质的深海水和越南庆和盐，实现药食同源的
理念。

（乌冬粉也能烤出松软的面包）

- **面粉**……日本的本地面粉（中筋粉）
- **酵母**……有机天然酵母（干酵母型）
- **盐**……海之精
- **水**……净水器过滤水

点评

日本本地的面粉也能烤出蓬松的面包。
在本地面粉中加入矿物质丰富的海盐，
采用最保险的做法，我喜欢随时可以用
的干酵母型有机天然酵母。

面粉 ……日本产小麦
酵母 ……鲜酵母
盐 ……法国海盐、面包店海盐
水 ……净水器过滤水

点评

制作麦香味扎实且没有谷物的怪味的庞多米面包，面包湿润的口感可以保持到第二天。因为想让口味更柔和，就选择了法国的海盐。

木造校舍
[P51]

营养丰富的全麦粉面包不要太复杂

CUPIDO
[P63]

法国海盐让口味更柔和

面粉 ……NISHINOKAORI
酵母 ……HOSHINO天然酵母
盐 ……SIMAMASU
水 ……自来水

点评

为了能品尝到小麦的甜味和香味，制作面包100%采用自家栽培的无农药、无化肥全麦粉。搭配适合的HOSHINO天然酵母，进一步突出小麦的味道，其余的配料只有水和盐。

Open Oven
[P77]

使用日本的小麦做日本人喜欢的味道

面粉 ……HARUYUTAKA
酵母 ……HOSHINO天然酵母、自制葡萄干酵母
盐 ……伯方盐、MOTHIA、盖朗德盐（粗盐）
水 ……净水器过滤水

点评

HARUYUTAKA的小麦本身带一些甜味，其他的食材选用最小量也能吃出麦香味。日本小麦符合日本人的口味，酵母也要考虑到和小麦、盐是否相配，反复尝试后选出最佳组合。

制作面包使用 这些材料

性格各异的
3 种面粉搭配硬度
36 的软水

TOTSUZEN BEKER'S KITCHEN
[P83]

面粉	……北海道产小麦、加拿大小麦
酵母	……速发酵母
盐	……SIMAMASU
水	……纯净水

点评

延展度高的加拿大小麦粉加上风味独特的北海道小麦粉制作的方面包,吃起来松软可口。用烤箱加热一下吃麦香味儿会更浓郁。

pointage
[P101]

品尝别具
风味的北海道
小麦

面粉	……海豚粉、帆船粉和AUBERGE粉
	的混合
酵母	……鲜酵母
盐	……SHIMAMASU
水	……硬度36的天然纯水

点评

将3种个性不同的面粉混合制作庞多米,可以使口味更有层次感。另外还要使用硬度 36 的软水,烤出来的面包更加松软。其他的配料可以加入细砂糖、脱脂奶粉、黄油和牛奶等。

将4种日本国产
小麦混合

面粉	……春之恋和YUMETIKARA等
	4种日本国产小麦的混合
酵母	……自制葡萄干酵母
盐	……石垣岛的盐
水	……纯净水

街上的茶室
[P154]

点评

自制酵母面包使用的是北海道产、长野县产的4种日本国产小麦自己搭配的混合粉。石垣岛位于美丽的珊瑚海之上,那里产的盐富含钙等矿物质,有益健康。

开业以来
食谱基本
没有变化

Atelier de mannebiches
[P153]

▶ **面粉** ⋯⋯帆船粉
酵母 ⋯⋯鲜酵母
盐 ⋯⋯SHIMAMASU
水 ⋯⋯自来水

点评

组织细腻的白色基本款主食面包不使用鸡蛋。颗粒比较粗的帆船粉要仔细搅拌，才能做出入口即化的口感。SHIMAMASU盐的味道柔和，不会影响其他食材的味道。

为了能让面包
更绵软，
要充分搅拌面粉

Bluff Bakery
[P155]

▶ **面粉** ⋯⋯EAGLE和BELLE MOULIN的混合粉
酵母 ⋯⋯鲜酵母、干酵母
盐 ⋯⋯日本国产
水 ⋯⋯蒸馏水

点评

开店14年，几乎没变过食谱的庞多米面包是店里的招牌商品。EAGLE和BELLE MOULIN的混合比例是1:5。酵母也是将鲜酵母和干酵母混合使用，烤出来的面包特别柔软细腻。

只是用极少量酵母
就可以实现蓬松
Q弹的面粉

坂口Motoko
[P186]

面粉 ⋯⋯KITANOKAORI或KONTYARUTO
酵母 ⋯⋯速发干酵母
盐 ⋯⋯卡马格盐、盖朗德盐
水 ⋯⋯矿泉水（自来水也可以）
▶

点评

酵母就选择烘焙教室学生都能轻松入手的品种，少量长时间发酵。面粉选择弹糯松软的，富含天然矿物质的盐味道更加浓郁。

面包 + α

配料 　装饰馅料

鸡蛋、砂糖和乳制品等，让面团更丰富的配料。
再加上一些辅料，能尝到更特别的风味。

1 砂糖

砂糖种类不同味道会有一些变化。白砂糖味道清淡柔和，上白糖的甜味更扎实，黑糖的味道更浓郁，甘蔗糖比较柔和，甜度也高。烤之前在面包表面涂一层，吃起来咯吱咯吱的，口感很好。

2 鸡蛋

鸡蛋起到让面团更湿润的作用，加在基本材料中还能带来鸡蛋的风味。不过，蛋白比例过多的话，面包容易干，老化得也快，最好只加入蛋黄。

3 黄油

一般使用无盐黄油，可以让面包味道更加浓郁。加入 5%~10% 的黄油，口感会变得特别轻盈。黄油加得越多口味越豪华。

4 牛奶

用牛奶完全代替水，面包的风味一下子就变了。而且烤的时候面包更容易上色。如果加上乳成分高的脱脂奶粉或脱脂奶，分量只要牛奶的 1/10 就足够了。

让面团

更丰富的配料

除了小麦、酵母、盐和水之外，
在面团中加入一些配料，丰富面包的口味

5 豆沙

使用豆沙的话，马上会想到豆沙馅面包。不过将豆沙涂抹在法国面包上又是另一番风味。豆沙还可以与黄油或是果酱组合使用。

享受变化的
装饰馅料

在面包种加入一些辅材，又会有意想不到的惊喜。
下面介绍5款常用辅材

6 香料

可选新鲜的香料，不过干香料将味道浓缩，用来烤面包更方便。罗勒、迷迭香、牛至等香料可以揉在面团里，也可以撒在表面，让面包的味道和香气都更丰富。

7 奶油

在面包里卷进卡仕达酱和加糖奶油等，或是挤在表面，当下午茶小吃很赞。加糖奶油就是在黄油粒中加入白砂糖和炼乳打发做成的。与果酱、豆沙等组合也不错。

8 水果干

葡萄干和无花果干等切成小块揉进面团，会吸收面团的水分，所以水果干在使用之前要在热水里泡一下。加入用甜酒腌过的水果干，口味更高级。

9 果仁

比较常见的有核桃、夏威夷果、腰果和杏仁等。只用面粉、盐、水和酵母制作的面包，可以加入果仁增加口感风味。因为果仁的种类很多，尝试与面包的不同搭配，也充满乐趣。

pointage
东京都港区麻布十番3-3-10
☎03-5445-4707
营业时间：10:30~23:00
（食物末次点单20:30 饮料末次点单 22:30）
休息日：周一，每月第三个周三
最近的车站：东京地铁南北线・都营大江户线麻布十番站

第3章

开始

今天
烤什么呢?

滨田美里
烹调研究专家。从酸面种制作的天然酵母面包到先进工具做的快手面包,擅长烘焙各种类型的面包。这次她还自创了10分钟就能烤好的,微波炉快速蒸面包。

要是能自己在家烤好吃的面包,
每天就会变得更开心。
有耗时不多也能成功烤制的
快手面包,
也有休息日里慢慢烤的
HOSHINO天然酵母面包。
滨田美里教给我们
能轻松坚持的面包制作方法。

适合自己
生活的

制作
面包吧

哪 种 制 作
面 包 的 方 法
才 适 合 自 己 的
生 活 方 式 呢 ?

没时间的时候,就制作一款无须发酵的快手面包。

休息日,就做慢酵母酵母……

每次走进厨房开始制作面包,就觉得心里特别充实。

让我们向滨田美里老师学习适合自己生活方式的面包制作方法吧!

今天是烤个快速的，还是慢慢来呢？

Lucie Rie

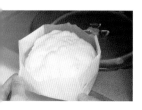

上：用平底锅烤的比萨，面饼很脆；下：用烘焙纸现做一个面包模子，放进微波炉；右：比萨或蒸面包之类，可以使用泡打粉制作的快手面包有很多

忙碌的日子
就要提高效率
做一款简单的面包

"这款蒸面包，放在微波炉里3分钟搞定。混合材料的时间有10分钟也够了。"滨田美里老师边说边把一只雪白的面包递到我手上。如果再配上肉派或果酱一定是款不错的下午茶点心。

制作面包的时候需要揉面、发酵、烤制，这些步骤都是不能少的，也可以说是制作面包的乐趣所在，可如果没时间也是鞭长莫及。那不如"干脆偷个懒，用泡打粉来做个山寨面包也不错"。

滨田老师还建议我们："发酵烤制的面包和使用泡打粉烤制的面包完全是两回事儿。所以也不能说谁好谁坏。大家只要根据自己的生活方式选择适合自己的方法就好。"

比如说，不光是刚刚说的微波炉，使用电饭煲、平底锅、电蒸锅等也能方便地制作面包。要是"没有

左：不用勉强，做自己能做的就好，这应该就是能够坚持做面包的诀窍吧；右：只要混合食材就能做好的快手蒸面包

时间"，比起什么都不做来说，挑战一下"这款简单的面包"一定会让你更开心的。先从不会失败的快手面包开始，再一点点升级就好。

"不过话说回来，使用自制的酸面种或是酵母烤出来的面包味道特别好。单纯从口味上来说的话，虽然很费时间，但绝对值得。如果能在休息日烤一款使用酵母慢慢发酵的面包那就无敌啦！发面的时间还可以悠闲地喝上一杯茶……把烤得恰到好处的面包从烤箱里拿出来的一瞬间，你会闻到一股幸福的香味。"

那么，今天是烤个快速的，还是慢慢来呢？根据自己的生活方式选择适合的方法，烤一款美味的面包吧。每天都有面包的日子开始啦！

休息日唤醒
天然酵母
烤一款香喷喷
的面包……

刚从烤箱里取出来的小面包，放在蛋糕冷却盘上冷却。大口咀嚼刚出炉的新鲜面包，这可是烤面包人的特权

向滨田美里学习

保证不失败的面包制作基本功

详细解说使用速发干酵母和HOSHINO天然酵母的面包制作方法。
只要掌握这些基本功，就能挑战各种不同的搭配组合了！

Part.1
基本制作方法

Part.2
多种面团制作的面包

Part.3
不用发酵的快手面包

主食面包
with
速发干酵母

制作面包的第一步从这里开始！
又简单又百搭的主食面包，最适合用来练手。只要掌握了基本功，后面就可以自由发挥了。就让我们从这里开始吧！

Part.1
基本制作方法

关于速发干酵母和天然酵母，从必要的工具到各步骤的重点都有详细介绍。

准备工作 ▷ 备齐 工具 和 材料

【 工具 】▶

需要一些必备工具。这里介绍一些制作主食面包使用的基础工具。

① 蛋糕冷却盘
刚烤好的面包放在上面冷却。

② 刷子
往面团表面刷蛋液时使用。

③ 计时器
有效管理发酵和成形的时间。

④ 刮板
分割面团和聚拢面团时使用。

⑤ 搅拌盆
混合材料，放入面团发酵时使用。

⑥ 案板
最好选择一款揉面时不会到处乱跑，比较厚重的案板。

⑦ 餐布
成形时和最终发酵时使用，最好选择帆布质地的。

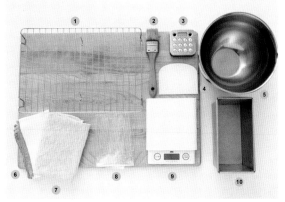

⑧ 塑料袋
一次发酵和排气后成形时，为了避免面团干燥，要用塑料袋包一下或盖一下面团。

⑨ 秤
选择一款能够精确称量盐和酵母这类少量食材的厨房秤。

⑩ 面包模具
制作主食面包和磅形面包时使用。

【 材料 】▶

制作主食面包时使用的基本材料。选择材料可以参考本书的材料详解（P48～P101）。

① 水 ……180mL
不用使用经过碱性调水器处理过的水，那样会影响酵母发酵。自来水就可以。

② 高筋粉 ……250g
想烤出蓬松的面包，推荐大家选择蛋白质含量高、延展性好的高筋粉。

③ 砂糖 ……12g
让面包变得容易上色，加快发酵速度。还有防止烤好的面包变硬的效果。

④ 黄油 ……14g
使用无盐款的，可以提升面团延展度，让组织更细，增加风味。

⑤ 脱脂奶粉 ……5g
粉末状的脱脂奶粉。保质期比牛奶要长，因为不含脂肪，所以很好用。

⑥ 速发干酵母 ……0g
可以直接混入面粉的颗粒状酵母，开封后要冰箱冷藏，尽快用完。

⑦ 盐 ……4.5g
有调节发酵、让面团产生谷蛋白和提升面团延展性的作用。

面包 的制作方法

混合材料

① 事先将高筋粉过筛。如果天气寒冷，就将水加热到30℃左右，注意！超过40℃酵母菌会死掉。夏季用冷水就可以。

嘿哟 嘿哟

② 将高筋粉、速发干酵母、砂糖、盐和脱脂奶粉放入搅拌盆混合。

③ 加水将面揉成团。

揉面

④ 将面粉和水完全混合后，从搅拌盆里取出放在案板上，案板事先撒好薄面（分量之外）。

⑤ 用手掌抓住面团。

揉啊揉

⑥ 由近向远，将面团在案板上拖拽着揉。

揉啊揉

⑦ 面团逐渐光滑后加入黄油。

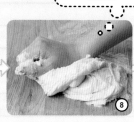

⑧ 将黄油包住来回折叠，直到黄油和面融为一体，再次揉成光滑的面团。

⑨ 开始时黏糊糊的面团，渐渐形成了谷蛋白，变得很有韧性。

轻轻
拽一下

一次发酵

⑩ 试着拉拽面团的一部分，如果能形成薄膜就说明已经揉好了。

⑪ 把面团揉圆，放入搅拌盆一次发酵。

⑫ 为了防止面团干燥，可以装进塑料袋或是套一个浴帽，在温暖的地方（30℃左右）静置60分钟。冬天可以放在小炕桌下面，或者使用烤箱的发酵功能。

鼓起来了！

按压

整形

⑬ 面团发到两倍大左右，一次发酵就完成了。

⑭ 把面团放在撒好薄面的案板上（外侧朝下），用手轻轻按压，向外折叠使面团转动90度角，再重复折叠。

⑮ 将面团收口朝下光面朝上，弄成圆形。

再一次！

二次发酵

分割

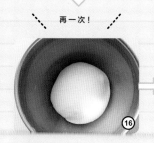

⑯ 把面团放回搅拌盆。通过拍打面团提升酵母的活性，使面团更弹。不过二次发酵也可以省略。面团完成一次发酵后可以直接分割。

⑰ 防止面团干燥，要装进塑料袋，在温暖的地方（30℃左右）静置30分钟，进行二次发酵。像照片上一样，再次膨胀到两倍大的时候，二次发酵就完成了。

⑱ 把面团拿出来，放在撒好薄面的案板上，用手轻轻按压，向外折叠使面团转动90度角，再重复折叠排气。

面包 的制作方法

反复折叠

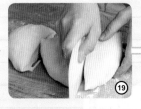

⑲

将面团揉圆，使用刮板将面团分成3等份。

⑳

用手轻轻按压，向外折叠使面团转动90度角，再重复折叠。

㉑

将面团收口朝下，在案板上揉搓成圆形。

松弛时间

㉒

将面团排列在布上，让面团松弛15~20分钟，延展性会更好。来回地揉搓已经让面团的弹性有点儿过度了，想提升延展性就要让它休息一会儿。

放到温暖处

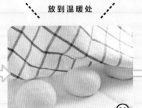

㉓

30℃的温度是最理想的，防止干燥可以在上面盖一块布或套个塑料袋。

混合材料

㉔

用手轻压面团排气。

从内向外

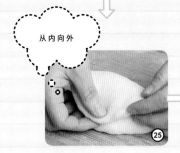

㉕

将面团从内向外折叠。

㉖

面团转动90度角，再重复折叠。

圆乎乎，圆乎乎

㉗

弄成圆形，保持有弹性的状态就好。

最终发酵

鼓起来了！

28 在模具内侧涂抹色拉油，圆形面团收口朝下放进模具。

29 在模具内进行最终发酵。为了防止干燥，在35℃的温度下发酵约50分钟。

30 面团膨胀到2.5倍，就代表发酵完成了。

烤制

那就放进烤箱吧

烤好啦！

31 用刷子在表面刷蛋液。

32 烤箱设定到200℃（如果是家用电烤箱，预热到220℃就可以）烤40分钟。

33 从烤箱中取出脱模，不容易脱模时可以用刮板帮忙。

完成！

整理食谱

放在蛋糕冷却盘上冷却，面包完成！

黑糖主食面包

【材料】
高筋粉……250 g
黑砂糖……40 g
盐……4 g
速发干酵母……3 g
黄油……10 g
牛奶……140 mL
鸡蛋……50 g

【做法】
这款面包可以品尝到黑砂糖浓郁的甜味。用蛋液＋牛奶来代替水，其他的做法与基本的主食面包一样。

小面包

with

天然酵母

掌握天然酵母特有的关键点

一款简单的小面包,口味自然柔和,最适合做每天的餐包。制作面包之前,我们先要了解天然酵母特有的关键点,比如要小心对待面团等。

准备工作 〉 备齐 工具 和 材料

【 工具 】

● 温度计 ● 搅拌盆 ● 案板 ● 计时器 ● 刮板 ● 秤 ● 刷子 ● 塑料袋 ● 餐布
● 蛋糕冷却盘

【 材料 】

● 水……100mL ● 牛奶……35mL ● HOSHINO天然酵母生种……20g
● 日本国产高筋粉……250g ● 砂糖……14g ● 盐……4g ● 无盐黄油……12g

HOSHINO天然酵母的活化方法

【 材料 】

HOSHINO天然酵母……50 g　水……100 mL

【 做法 】

1. 用温度计测量水的温度，最理想的是28℃~30℃，注意不要超过这个温度。
2. 在一只干净的容器内放入水和HOSHINO天然酵母，用勺子搅拌。**a**
3. 盖上保鲜膜，放到温度变化不大的地方，30℃发酵24小时。使用家用面包机的时候，可以直接设定天然酵母生种的活化程序。
4. 24小时完成，可在冰箱里冷藏保存2周。**b**

混合材料

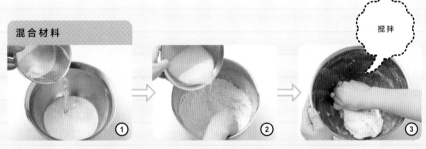

搅拌

① 将水、牛奶和HOSHINO天然酵母混合。

② 在一个大搅拌盆里加入日本国产高筋粉、砂糖、盐，再倒入①混合。

③ 在盆里搅拌2~3分钟，面粉基本成团就可以转移到案板上了。

揉面团

轻柔，轻柔

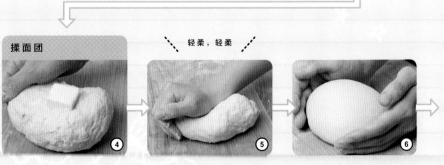

④ 加入无盐黄油继续揉面。

⑤ 天然酵母非常敏感，所以在拍打抻拉面团时都不能太用力，必须要轻柔一些。

⑥ 揉15分钟左右，面团整体呈现出光泽。收口朝下弄成圆形，重新放回搅拌盆。

面包 的制作方法

变平了

一次发酵

⑦

套入塑料袋，放在温暖的地方静置12~18小时，进行一次发酵。

⑧

发酵时间会根据温度和湿度发生变化。夏天温度高，所以有时候6小时左右就可以了。冬天比较费时间，不过在低温之下，只要时间足够长也是可以发酵的。而且在低温下慢慢发酵可以让面团更饱满美味。面团会一点点膨胀，像照片上一样，最后面团不是圆鼓鼓的，而是变平了。发酵到这种程度，可以减少失败的概率。

分割

⑨

把面团拿出来，放在撒好薄面的案板上，用手轻轻按压，向外折叠使面团转动90度角，再重复折叠排气。

揉啊揉

⑩

将面团揉圆，使用刮板分成8等份。

⑪

将面团向外折叠，使面团转动90度角，再重复折叠。

⑫

面团收口处朝下放在手心滚圆。

膨胀了！

松弛时间

⑬

将面团在餐布上排列整齐，为了防止干燥，上面再盖一块餐布。静置30分钟。

⑭

面团休息后恢复原状，又变大了。照片里就是松弛之后的样子。

成形

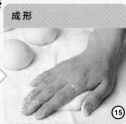

⑮

用手轻压排气。

116

折叠
再折叠

⑯

将面团向外折叠，使面团转动90度角，再重复折叠。

⑰

面团收口处朝下，放在手心滚圆。

⑱

在烤盘上铺烘焙纸，把面团均匀地摆在烤盘上。

圆鼓鼓的

最终发酵

烤制

⑲

在面团上先盖一层干餐布，再盖一层湿餐布，外面套一个塑料袋。摆在温暖的地方静置1小时（最终发酵）。

⑳

面团膨胀到1.5倍左右，最终发酵完成了。

㉑

最后发酵时小面团可能会粘在一起，可以将烘焙纸剪开分离。

完成！

㉒

在面团上喷水，放入烤箱烤至焦黄色。煤气烤箱预热到180℃烤13~15分钟。电烤箱要预热到210℃，用190℃烤15~18分钟。

放在蛋糕冷却盘上冷却，面包完成！

面包 的制作方法

简单的小面包面团既可以制作甜甜的点心面包,
又能做偏咸的熟食面包,可谓万能选手。
让我们多考虑一些独创的搭配组合吧!

自 创 的

奶酪很香!

火腿奶酪面包

【 材料 】 4个的量

天然酵母面团(P114)
切片火腿……3片
奶酪片……3片
沙拉酱……1大勺
胡椒粉……适量

【 做法 】

① 将水、牛奶、天然酵母混合。

② 将日本国产高筋粉、砂糖和盐加入一个
大点儿的搅拌盆混合。

③ 在搅拌盆里搅拌2~3分钟,等面粉成团
后取出放在案板上。

④ 加入无盐黄油继续揉面(拍打抻拉的时
候不要太用力,要对面团轻柔一些)。

⑤ 揉15分钟左右,面团就呈现出了光泽。
将面团揉圆放入搅拌盆,盖上塑料袋放
在温暖的地方(一次发酵 ※详细参考
P116)。

⑥ 膨胀到面团表面光滑,用手轻压排气。

⑦ 从搅拌盆里取出分成4等份揉圆,松弛
30分钟。

⑧ 将⑦再次揉圆,使用擀面杖拉伸到直
径12 cm(边缘稍高)。把中心压扁,
在里面放上切成1 cm的切片火腿和奶
酪片。
※不需要最终发酵

⑨ 往面团上挤一些沙拉酱,再撒上胡椒粉。

⑩ 在面团上喷水,放入烤箱烤至上色。
・煤气烤箱预热到200℃,用200℃烤
13~15分钟
・电烤箱预热到230℃,用210℃烤
15~18分钟

用天然酵母的小面包面团制作

食 谱

两种材料很配

蓝莓 ×
奶油奶酪

【 材 料 】4个的量

天然酵母面团（P114）
蓝莓干……70 g
奶油奶酪……80 g

【 做 法 】

1. 蓝莓干用温水泡发，再把水沥干。奶油奶酪切成1.5 cm的方块。
2. 水、牛奶和天然酵母混合。
3. 将日本国产高筋粉、砂糖和盐加入一个大的搅拌盆混合。
4. 在盆里搅拌2~3分钟，面粉成团后移至案板。
5. 加入无盐黄油继续揉面（拍打坤拉的时候不要太用力，要对面团轻柔一些）。
6. 揉14分钟左右，面团会呈现出光泽。拉伸面团，在中间放上蓝莓干，折叠面团包住蓝莓干。重复这个步骤，加入更多蓝莓干。
7. 揉圆面团放入搅拌盆，盖上塑料袋放置在温暖的地方（一次发酵 ※详细参考P116）。
8. 膨胀到面团表面光滑，用手轻压排气。
9. 从搅拌盆里取出，分成4等份，再分别揉圆，松弛30分钟左右。
10. 再一次揉圆，这时候在每个面团里包一块20 g的奶油奶酪。
11. 大约1小时，面团会膨胀到1.5倍，这就是最后发酵。
12. 在面团上喷水，放入烤箱烤至上色。
    - 煤气烤箱预热到180℃，用180℃烤15~17分钟
    - 电烤箱预热到210℃，用190℃烤17~19分钟

【 材料 】10个的量

高筋粉……250 g　速发干酵母……3 g　砂糖……20 g
盐……4.5 g　脱脂奶粉……8 g　水……140 mL
鸡蛋……20 g　无盐黄油……28 g

【 做法 】

1. 将面粉事先过筛。环境温度低于10℃的寒冷时期，需事先将水加热到30℃（特别注意，超过40℃酵母菌会被杀死）。

2. 在搅拌盆里放入高筋粉、速发干酵母、砂糖、盐、脱脂奶粉，搅拌均匀。

3. 加入水和鸡蛋，将材料混合成团。

4. 全部材料混合完成后，从盆里取出放到案板上，以摩擦、拉拽的方式揉面。

5. 面团变得光滑之后，加入无盐黄油继续揉面。

6. 让无盐黄油完全融入面团，直至面团再次呈现出光滑的状态。

7. 将面团揉圆放入搅拌盆，为了防止干燥，上面可以盖一个塑料袋。在30℃的条件下静置60分钟（一次发酵）。冬天可以放在小炕桌下面或者使用烤箱的发面功能。

8. 面团膨胀到两倍大的时候，取出来放在案板上分成10等份，再分别揉圆。

9. 将面团放置在餐布上排列整齐，为防止干燥，上面盖一个塑料袋。在30℃的条件下让面团休息20分钟（松弛时间）。

10. 用擀面杖将面团压成细长条，再卷成卷，收口留在下面。

11. 在烤盘上铺上烘焙纸，把整形好的面团放上去。在35℃的条件下静置50分钟（最终发酵）。防止干燥可以装进塑料袋，或者在上面盖上餐布＋湿餐布＋保鲜膜。

12. 面团膨胀到两倍大，表面刷上蛋液，用210℃在烤箱里烤10分钟。
    · 煤气烤箱预热到200℃，用200℃烤10~12分钟
    · 电烤箱预热到220℃，用210℃烤10~12分钟

Part.2

多种面团制作的面包

学会做基本款面包之后，现在就可以尝试食材丰富的面团，还有加入了黑麦的面团等，制作各种各样的面包！

整理食谱

巧克力豆黄油卷

揉面到最后加入40 g的巧克力豆，后面步骤都是一样的。甜甜的巧克力口味当作下午茶或是早餐都非常赞！

黄油卷

松软丰富的面团

多多使用砂糖和无盐黄油，再加入鸡蛋制作
的面包。稍稍有些甜味，口感极佳，忍不住
要多吃几个。

【 材料 】2个的量

高筋粉……250 g　速发干酵母……3 g
砂糖……10 g　盐……5 g　橄榄油……20 mL
水……150 mL

【 烤之前使用 】

橄榄油……适量　粗盐……少许

【 做法 】

① 将面粉事先过筛。环境温度低于10℃的寒冷时期，事先将水加热到30℃（特别注意，超过40℃酵母菌会被杀死）。

② 先在搅拌盆里放入高筋粉、速发干酵母、砂糖、盐搅拌均匀。再加入水和橄榄油揉成团。

③ 全部材料混合完成后，从盆里取出放到案板上，以摩擦拉拽的方式揉面。

④ 15分钟左右面团会揉得比较光滑。

⑤ 把揉圆的面团放入搅拌盆，在30℃的条件下静置60分钟（一次发酵）。为防止干燥可以用塑料袋盖上放在暖和的地方。冬天可以放在小炕桌下面或者使用烤箱的发面功能。

⑥ 面团膨胀到两倍大的时候，拿出来放在案板上等分成两份，分别再揉圆。

⑦ 把面团摆在餐布上，为防止干燥上面盖一个塑料袋，在30℃的条件下让面团休息15分钟（松弛时间）。

⑧ 轻压面团排气，重新揉圆且光面朝上，用擀面杖压成1.5 cm厚的面饼。

⑨ 摆在铺好烘焙纸的烤盘上，上面盖一个塑料袋，在35℃的条件下静置约20分钟（最终发酵）。

⑩ 用手或是叉子扎一些孔，淋上橄榄油，撒上粗盐，再静置10分钟。放入200℃的烤箱烤制17~20分钟。
　· 煤气烤箱预热到200℃，用200℃烤17~20分钟
　· 电烤箱预热到210℃，用200℃烤18~20分钟

整理食谱

橄榄佛卡夏

步骤完全相同，最后放上切片的黑橄榄烤就可以了，面包是咸口的，下酒也不错。

佛卡夏

Q弹可口超满足

香脆的面包皮＋松软Q弹的内心是它最大的特色，这款面包是深受意大利人喜爱的传统面包，也是他们餐桌上的常客。烤之前可以撒上一些香料，味道更棒！

【 材料 】 4个的量

水……100 mL
牛奶……35 mL
天然酵母生种……20 g
日本国产高筋粉……250 g
砂糖……14 g
盐……4 g
无盐黄油……12 g
蜂蜜……1大勺

【 做法 】

① 将水、牛奶和天然酵母用生种混合。

② 在大搅拌盆里放入日本国产高筋粉、砂糖、盐，把 ① 加进去混合。

③ 在盆里搅拌 2~3 分钟，整体成团后放到案板上。

④ 加入无盐黄油继续揉面（拍打抻拉的时候不要太用力，要对面团轻柔一些 ）。

⑤ 大约 15 分钟后面团呈现出光泽，把面团揉圆放入搅拌盆，盖上塑料袋，放到温暖的地方（一次发酵 ※ 详细参考 P116 ）。

⑥ 等到面团表面膨胀得很平了，用手轻压排气。

⑦ 从搅拌盆里取出面团等分成 4 等份，重新揉圆，盖上塑料袋松弛 30 分钟。

⑧ 把 ⑦ 的面团拉成 28 cm 长的条状并将一端压平，盘成多纳圈的形状，用平的一端把另一端包裹住。

⑨ 逐个放入加了蜂蜜的沸水中煮 1 分钟左右。

⑩ 放入烤箱烤至焦黄。

· 煤气烤箱预热到 230℃，用 200℃ 烤 15 分钟，如果不够理想就用 180℃ 再烤 5 分钟

· 电烤箱预热到 240℃，用 220℃ 烤 18 分钟

整理食谱

抹茶贝果

在日本国产高筋粉中加入 4 g 的抹茶，后面步骤相同。烤出来带有一些抹茶的颜色，大大地咬上一口，茶香充满了整个口腔。

贝果

弹糯紧实的人气面包

贝果糯糯的口感让大人小孩都爱不释口。涂上奶酪或是做成三明治都可以，第二天蒸一下吃也不错。

【 材料 】 4个的量

水……125 mL
天然酵母生种……24 g
蜂蜜……8 g
日本国产高筋粉……175 g
黑麦粉……50 g
全麦粉……25 g
盐……5 g
无盐黄油……12 g
核桃碎……60 g

【 做法 】

① 将水、天然酵母生种和蜂蜜混合。

② 在大的搅拌盆里放入日本国产高筋粉、黑麦粉、全麦粉和盐，加入①混合。

③ 在盆里搅拌2~3分钟，整体成团后放到案板上。

④ 加入无盐黄油再继续揉面（拍打抻拉的时候不要太用力，要对面团轻柔一些）。

⑤ 揉12分钟左右，面团出现光泽，把面团抻开中间撒上核桃碎，折叠面团，用包裹的方式将核桃碎混进面里。

⑥ 把面团揉圆放入搅拌盆，盖上塑料袋摆到温暖的地方（一次发酵 ※详细参考P116），由于面团中加入了核桃碎，所以发酵时间会更长，需要耐心等待。

⑦ 等到面团表面膨胀得很平了，用手轻压排气。

⑧ 将面团从搅拌盆里取出分成4等份，再分别揉圆并盖上塑料袋，松弛30分钟。

⑨ 将面团整理成细长形的，排在已经铺好烘焙纸的烤盘上，盖上塑料袋，在35℃的条件下静置约50分钟（最终发酵）。

⑩ 用小刀在表面划几刀，喷水，放入烤箱烤至上色。

· 煤气烤箱预热到190℃，用190℃烤15~18分钟
· 电烤箱预热到210℃，用190℃烤15~18分钟

整理食谱

黑麦葡萄干面包

将核桃碎改为30 g，再加入50 g已经泡发的葡萄干。后面的步骤是一样的，酸甜口味的葡萄干和这款面包很相配。

黑麦面包

很香很厚重的口味最吸引人

将黑麦粉和全麦粉加入日本国产高筋粉，香味很丰富。面包越嚼越有味儿，满口留香。里面如加入脆脆的核桃碎，口感更好。

【 材料 】8个的量

面包专用混合米粉（在米粉中加入了谷蛋白，如果没有
可以自己配：米粉145 g+小麦谷蛋白55 g）……200 g
速发干酵母……2.5 g
砂糖……16 g
脱脂奶粉……6 g
盐……3 g
水……145 mL
无盐黄油……10 g

【 做法 】

① 将面粉事先过筛。环境温度低于10℃的寒冷时期，
   事先将水加热到30℃（特别注意，超过40℃酵母菌
   会被杀死）。

② 在大的搅拌盆里加入面包专用混合米粉。速发干酵母、
   砂糖、脱脂奶粉和盐充分混合。加水将材料揉成团。

③ 全部材料混合完成后，从盆里取出面团放到案板上，
   以摩擦、拉拽的方式揉面。

④ 面团变得光滑之后，加入无盐黄油继续揉面（揉面的
   时间不用像小麦粉那么长，10分钟左右即可）。

⑤ 不等一次发酵，直接将面团分成8等份，揉圆。

⑥ 盖上塑料袋防止干燥，在30℃的条件下静置30分钟
   （松弛时间）。

⑦ 轻轻挤压面团排气，再次揉圆，光面朝上。

⑧ 将面团间隔均等排在铺好烘焙纸的烤盘上，盖上塑料
   袋，在35℃的条件下静置40分钟左右（最终发酵）。

⑨ 面团膨胀到两倍大，放入烤箱烤至上色。
   ·煤气烤箱预热到190℃，用190℃烤12~15分钟
   ·电烤箱预热到210℃，用190℃烤12~15分钟

整理食谱

米粉豆馅面包

松弛过后，将买的豆沙馅分成每20 g一球，
用面团包起来。收口朝下，稍稍压平一些，之
后进行最终发酵。

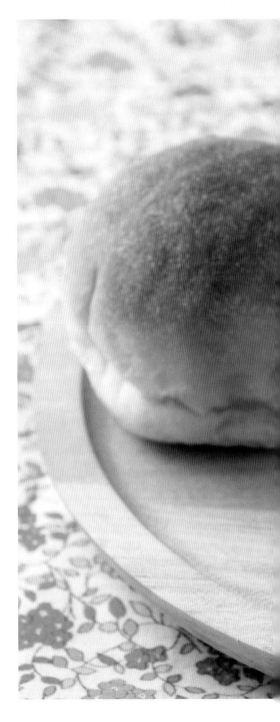

米粉 ❤ 面包

适合搭配日本食材的Q弹面团

表皮焦香软糯，微微带点儿甜味。由于使用了大米，
与日本食材绝配。可以尝试各种搭配组合。

Part.3

不用发酵的
快手面包

下午茶或是想随意吃点心的
时候，三两下就能做出来的
快手面包。虽然简单，但味
道绝对无可挑剔！

用平底锅做的

比萨

香脆的面饼绝对美味！

这么焦香正宗的味道一定会惊艳
到你的。因为烤的时间很短，所
以上面的料一定要选能直接吃的。

【材料】

面饼（½2张的量）
高筋粉……100 g
低筋粉……100 g
泡打粉……1小勺
水……100 mL
盐……1/2小勺
橄榄油……1.5大勺

馅料（面饼1/2的量）
红椒、黄椒……各1/2个
比萨专用奶酪……50 g
黑胡椒……足量
番茄酱……2大勺

整理食谱

土豆肉酱比萨

馅料变成1个大土豆和4大勺肉酱。土豆切成
1 cm的小方块，先用水煮5分钟，把水沥干，
再放进平底锅里用橄榄油加盐炒。面饼上先涂
肉酱，之后铺上炒好的土豆块。

【做法】

① 将低筋粉、高筋粉、泡打粉和盐混合。
② 在①中加入橄榄油拌匀。
③ 在②中加水搅拌。
④ 揉面团5分钟，注意不要揉过了。
⑤ 将面团等分成两份，分别揉圆。
⑥ 擀成直径20 cm的面饼，用叉子在上面扎满小孔。
⑦ 红椒、黄椒去掉籽和白色部分，切细条。
⑧ 将面团放入完成加热的平底锅，先用中火不盖盖子烤5~6分钟。
⑨ 烤上色后翻面，涂上番茄酱。
⑩ 在面饼上铺上红椒、黄椒和比萨专用奶酪，再多撒一些黑胡椒。
   盖上盖子烤5~6分钟。

用微波炉做的

快手
蒸面包

10分钟之内搞定的超快手面包

材料混合之后放入微波炉即可。蓬松柔软手的
蒸面包只要5分钟就做好了。

番茄面包

牛奶＋水的部分换成番茄汁60 mL＋水30 mL。
做出来的是带有番茄风味的意大利面包。盐用
1 g，色拉油换成橄榄油1大勺，其他步骤相同。

【 材 料 】1个的量

面团1个的量
低筋粉……100 g
泡打粉……1小勺
砂糖……10 g
盐……0.7 g（1/7小勺）

色拉油……1大勺
牛奶……20 mL
水……60 mL

【 做 法 】
① 用烘焙纸折叠一个边长10 cm的方盒。
② 将低筋粉、泡打粉、砂糖和盐混合。
③ 再把材料中的液体材料加入②混合。
④ 把③倒入①的纸盒，微波炉600 W加热2分半钟，先不要拿出来，在微波炉里继续焖2分钟。

131

面包的基础知识

用电饭煲做的

牛奶芝士面包

松软柔和的口感

像煮饭一样把材料放进锅里，按下开关。
口感蓬松温润，特别适合做下午茶。

整理食谱

咖啡面包

将材料中的核桃和比萨用奶酪换成2大勺速溶
咖啡（用1大勺开水溶解）。做出来的面包香
气浓郁。另外，砂糖改成4大勺，盐改成1/2
小勺，牛奶改为30 mL。

【 **材料** 】1个的量

低筋粉……150 g　　　比萨用奶酪……20 g
泡打粉……1/2大勺　　鸡蛋……2个
砂糖……3大勺　　　　牛奶……50 mL
核桃……4大勺（35 g）
盐……2/3小勺

【 **做法** 】

① 将低筋粉、砂糖、盐、泡打粉混合，再
　倒入鸡蛋、牛奶搅拌均匀（不要过分搅
　拌），最后加入核桃和比萨用奶酪。
② 所有材料混合后倒入电饭锅。
③ 设定为白米饭功能，开始烹调。

用蒸锅做的

软糯自然的好味道

虽然简单，但面粉淡淡的甜味和软糯的口感都让人欲罢不能，一定要趁热吃哦！

中华风 蒸面包

整理食谱

黄豆粉蒸面包

用150 g低筋粉加15 g黄豆粉，步骤一样。蒸好后有黄豆粉的香气，简单自然的味道，怎么吃都吃不够。

【 材料 】5个的量

低筋粉……175 g

泡打粉……2小勺

A

砂糖……15 g

酒……1/2大勺

盐……1/4小勺

色拉油……1/2大勺

温水……90 mL

【 做法 】

1 所有的面粉过筛。

2 在搅拌盆中将材料A混合，砂糖一定要充分溶解。加入 1 的面粉揉3~4分钟至面团光滑。

3 面上盖上保鲜膜醒20分钟。

4 将面团搓成条状5等分，擀成椭圆形，内侧薄薄涂一层色拉油，对折。

5 放在铺好油纸的蒸笼内蒸制，上汽后蒸制14分钟左右。

关于面包制作你想了解的 &

就算知道做法，实际操作起来还是会遇到很多问题。
接下来就为大家彻底讲解一下制作面包的技巧和
容易失败的关键点！

黑麦面包

Q 烤的时候总是发不好怎么办？

A

充分活化生种吧！

HOSHINO 天然酵母，将颗粒状的干燥酵母放在30℃的水温里，活化一整天。之后放进冰箱期间会出现种和水分离的现象，所以在制作面包之前要好好搅拌后再使用。

天然酵母篇

使用比较容易入手的HOSHINO天然酵母制作面包，解决不发面、太干等问题

Q 为什么面包烤得硬邦邦的？

A

原因是一次发酵时间不够。

和小面包一样，要等到面团表面变平了才证明一次发酵完成了。此外，根据使用的黑麦粉不同，口感也有差别。如果黑麦磨得比较粗，吃起来就比较粗糙，偏硬。相反，如果磨得比较细，烤出来的面包口感也相对柔和。现在可以买到粗磨、中磨和细磨等很多种，可以根据自己的喜好选购。

Q 为什么感觉酸味儿很重？

A

调整一下黑麦的分量吧。

在贫瘠的土地上培育起来的黑麦，对酸性土地的耐受性很强，面粉本身也有酸味。黑麦粉占总量不超过20%为佳，而且使用HOSHINO 天然酵母时，使用黑麦粉超过20%，还会影响发面。

怎么烤成了
硬面包？

可能是二次
发酵过程中
丢失了水分。

二次发酵过程中，如果面团水分流失变干，烤出来的面包就会很硬。

推荐大家在二次发酵过程中，用一个大塑料袋把烤盘整个盖住。里面再放一只装了水的茶杯。这样可以保持塑料袋内湿润，防止干燥。

烤的时候总是发不好
怎么办？

可能是烤箱的
温度过高。

使用日本国产小麦时，如果烤箱温度过高，面团表面会先烤好，这样一来里面就算再要膨胀，外皮已经固定住了，肯定发不起来。此外，如果一次发酵时间太短，也会造成不膨胀。

面团怎么变得干巴巴的？

是因为一次发酵不到位。

主要原因应该是一次发酵不到位。天然酵母是缓慢发酵的，发酵过程好比是在和面团比耐性，必须要耐心等待。温度低的冬季需要12个小时，就算是夏季也需要5~6个小时慢慢发。

和使用干酵母的面包不一样，使用日本国产小麦和天然酵母的时候，一次发酵完成的标准是：面团表面变平，一定要等到出现这个状态才可以。

可以把老种和新种
混在一起用吗？

不可以！

老种和新种的种力是有差别的，如果混在一起使用会影响面团发酵。种的保存期限大约是两周，一定要在这个时间之内用完。烤面包尽量使用新种，如果非要使用剩下的老种，可能要比一般情况下多用一些。就算种剩得很多，也不能冷冻保存。

小面包

Q 表面皱皱巴巴的！

A 面团用水煮了之后要马上放入烤箱。

水煮之后如果隔了一段时间才放进烤箱，表面就会变皱。煮面团的时候，就要给烤箱预热。还有就是，在水里加一些糖或蜂蜜，烤出来的贝果会有漂亮的光泽。

Q 接口脱开了！

A 卷到最后一定要固定好。

将面团做成环状，两端在连接时如果捏紧了，相互融合在一起，那么不管是煮还是烤都不会脱开。还有，如果面团拉扯太使劲了，会让面团的纤维遭到破坏，酵时产生的纤维遭到破坏，烤的时候就会出现裂纹和皱褶，所以动作要麻利，又不能太用力。

Q 怎样才能做出Q弹的口感？

A 用沸腾的开水煮面团。

煮贝果的时候，如果水温太低，面团表面不会糊化，也就无法产生Q弹的口感了。水量一定要能盖住贝果，大约煮1分钟左右。

3 **贝果**

Q 中间的洞不见了！

A 最开始就要把中间的洞留大一点儿。

贝果发酵，还有在烤箱里烤的时候，由于面团膨胀，中间的洞有时候就不见了。因此，我们在整形的时候，就要把圈做大一点儿，把洞的位置留够了，这样烤出来的形状就正合适了。

怎么让变硬的贝果也好吃……

放到第二天的贝果吃起来就会有些硬，这时候可以放到电蒸锅里蒸一下。为了防止水汽滴下来，要在蒸锅盖子上盖一块餐布。只要加热3~4分钟就可以恢复弹糯的口感了。

干酵母篇

对于初学者也可以轻松应付的干酵母，消除你所有的疑问和不安。

 4

主食面包

Q 为什么烤好的面包个子很矮？

A 可能是因为干酵母时间太长了。

先要确认你用的干酵母是不是时间太长了。打开包装的干酵母放在冰箱里冷藏，最好在一年之内用完。超过这个时间，就会影响发面。也可能是因为发酵时间太短。一次发酵一定要等到面团胀到2~2.5倍的高度。

 Q 烤完没多久就瘪了！

A 可能是过度发酵。

原因可能是发酵过度，确认是否发酵，用手指在面团中央按压，如果感觉面团没有弹性，手指印也能在面团上残留一段时间，那说明发得刚好。如果手指印留在面团上不会回弹了，那就是过度发酵的证据。

 Q 为什么面团在烤箱里不怎么膨胀了？

A 很可能是预热不够。

家用电烤箱的容积大都比较小，有时候还达不到设定温度。不用煤气烤箱，而使用小型家用电烤箱的话，烤类似主食面包这种个子比较高的面包，设定要比规定的温度高出20℃~30℃，一定要充分预热之后再把面团放进去。

 Q 为什么面包能闻到一股酵母味儿？

A 没有完全发酵，就会有气味残留。

如果酵母没有充分发酵，有时会在面包上留下一股酵母特有的气味。要让面团充分发酵之后再放入烤箱。

黄油卷 5

Q

不够松软，
吃起来很硬！

A

可能是加热时间过长。

因为这款面团里加入了很多鸡蛋和牛奶，可能不太好掌握。其实只要好好揉面，让谷蛋白充分活化，面团就会变得又弹又软。如果手揉的话需要大约30分钟，认真揉面，直到用两只手能拉出筋膜为止。

此外，也可能是加热时间过长造成的。一定要把烤箱充分预热之后再放面团进去烤。不同的烤箱烤制时间会有一些差别，自己多摸索几次，找到最佳时间很重要。

Q

怎么才能做出
漂亮的形状？

A

要注意卷到
最后的位置。

黄油卷成形是需要一些小技巧的。一般来说把面团拉伸成细长的水滴形之后，要用擀面杖擀平，卷的时候一定要从宽的一端往窄的一端卷，卷到最后收口的位置一定要压在烤盘上排好。

Q

吃起来
干巴巴的？

A

可能是没有充分发酵。

原因应该是一次发酵时膨胀不够。发酵时间太短，面团就会发干，吃起来口感很差。想要烤出松软Q弹的佛卡夏，一定要关注发酵时间和室内温度。让面团经过充分的一次发酵之后再放进烤箱。

面团为什么没有劲儿？

注意不要过度揉面。

　　相比进口小麦粉，面包专用米粉的谷蛋白含量没有那么高。所以过度揉面会造成面团瘫软失去筋度。揉面的时候，只要觉得面团整体光滑就行了，大约 10 分钟。

面团不发怎么办？

请使用面包专用的米粉。

　　想烤出胖乎乎的面包，必须使用在米粉中添加了小麦谷蛋白的"面包专用"米粉。也可以用米粉和小麦谷蛋白搭配（比如：200 g 的面粉就用米粉 145 g：小麦谷蛋白 55 g）使用。

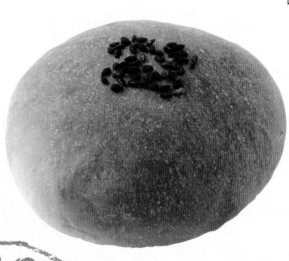

6 米粉面包

佛卡夏 7

面团发得过大怎么办？

原因是过度发酵。

　　二次发酵的时间太长，面团就会膨胀得太大。佛卡夏本来就是不怎么高的面包，一定小心不要过度发酵。此外，放入烤箱之前，要在面团上用叉子或手扎一些出气孔，否则烤的时候面团就会膨胀成山形，所以一定要在表面扎满小孔。

在店里吃的就是这个味道！

三明治和
热三明治

如何更好地
保存面包

想要面包不变硬，关键看办法好不好！

如何在一周内吃完？

主食面包
和长棍面包

变换自如的
硬系面包

要是你的话会怎么吃？

向人气面包师请教的面包吃法，将热爱面包的厨师们的菜品齐聚一堂。各种创意，让每天的面包变得更美味！

ЕΛΛΤΟ

第4章

只有面包师
知道

怎么吃最赞？

向Bread
Lovers
请教

常备面包和日常食谱。

面包爱好者们的
智慧结晶！

美味面包的
搭配秘籍

果然没有这个
不行

面包之友集结完毕。

和咖啡、
红酒一起……

组合诞生出新的魅力。

烹调研究家。曾经做过剧团团员、无国籍餐厅员工,慢慢走上了烹调之路。最近出版的烹饪书有《三明治的好天气》。她还参与了支持农业的企划项目"团队 MUKAGO",在东京国际联合大学附近的农贸市场开了店铺。

烹调研究家

枝元 Nahomi

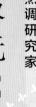

教给你我家的常备面包

喜欢面包的那些人平时都吃什么面包呢？
他们一定知道一些好吃的面包吧！
我们向8位喜欢面包的名人请教了他们日常的吃法。

看哪个都好吃，真让人眼花缭乱

1.一走出店门就开始大口吃起了麦穗面包。麦穗面包从来都是在回家路上吃的，这天也是，没到家就吃光了；2.在麻布十番的pointage买面包。据说枝元每次去都会尝试很多种面包；3.从pointage买回来的面包

pointage

东京都港区麻布十番3-3-10
☎03-5445-4707
营业时间：10:00~23:00（食物末次点单 20:30　饮料末次点单 22:30）
休息日：周一，每月第三个周三　就餐区：有

回家路上大口吃着喜欢的面包

烹调研究家枝元 Nahomi 说："我喜欢米饭，不过也喜欢面包！"枝元这么喜欢吃面包，那她最倾心的面包店在哪儿呢？

"麻布十番的 pointage 离我家很近，所以经常去。在那儿买上一个麦穗面包，绝对等不到回家，一走出店门就开吃了。还有一家面包店是岐阜县的 Cultivateur，要是工作或是旅行到那附近我一定要顺路光顾的。"

我们决定今天和枝元一起去 pointage 选购面包，当然少不了麦穗面包，其他还买了牛奶卷、法式面包等 8 种。一走出店铺还是忍不住想吃麦穗面包，枝元一路上大口吃着面包，笑得特别开心。

接下来是开心的烹调时间！用 pointage 的夏巴面包制作越南三明治 Banh Mi。Banh Mi 是一款在夏巴塔面包里加入厚猪肉片、辣椒圈、腌黄瓜和香菜的分量十足的三明治。

Cultivateur 的农夫面包沉甸甸的，散发着浓浓的小麦香。可以用手揪成小块和沙拉拌在一起，面包吸足了蔬菜的水分和调料汁的鲜味，就成了一道美味的潘扎内拉。

炸鸡三明治 & 土豆沙拉三明治是用"明治屋"松软的主食面包来做的。枝元是个特别爽朗的人，她还告诉我们："我最近和朋友们一起去八岳郊游时，就做了两斤的炸鸡三明治，准备在车上吃。当时想的是不够吃就不好了，结果就做多了。虽然味道不错，但那一整天我们光吃炸鸡三明治了。"美味的料理伴着枝元温暖的笑容上桌了。

推荐的食谱

越南三明治
[2人份]

【做法】

① 轻敲厚片猪肉后撒上盐和胡椒。在平底锅中放少量色拉油，中火加热。放入厚片猪肉转大火，两面煎至上色。洒上酒并盖上盖子，小火焖烤3分钟。取下盖子洒上鱼露，出锅。等到不太热了就切成容易吃的薄片。

② 黄瓜随意切条，黄椒也切成4 cm~5 cm长的条，放进塑料袋里，加入调料A腌制。番茄切成薄片。

③ 面包从中间切开，铺上番茄，放上厚片猪肉，把②中腌好的蔬菜沥干汁水也摆在上面，撒香菜，做成三明治。

※ 面包用的是pointage的夏巴塔面包

【材料】
夏巴塔面包……1条、厚片猪肉……2小片（约150 g）、盐·胡椒……少许、色拉油……少许、酒……2大勺、鱼露……1大勺、黄瓜……1条、黄椒……1/3个、番茄……1个
A：盐……1/4小勺、砂糖……2小勺、柠檬汁……2小勺、香菜……适量

潘扎内拉
[2~3人份]

【做法】

① 把长棍面包或乡村面包切成1 cm左右厚的片，涂抹大蒜后烤制，切成一口大的块，生菜撕碎，牛油果也切成一口大。水芹切大段，洋葱切薄片，加入冰块后腌3分钟左右，取出，沥干汁水。香肠用水煮一下。

② 在搅拌盆里将料A混合，放入蔬菜搅拌，再加入长棍面包或乡村面包。

※ 本食谱面包用的是Cultivateur的农夫面包

【材料】
长棍面包或乡村面包等……80 g左右、大蒜……少许、生菜……3片、牛油果……1/2个、水芹……1把、洋葱……1/4个、香肠……3根
A：盐……1/2小勺、粗磨胡椒……少许、砂糖……1/2小勺、醋（最好用葡萄醋）……1.5大勺、橄榄油……2~3大勺、大蒜……少许

炸鸡三明治 & 土豆沙拉三明治
[4人份]

【做法】

① （土豆沙拉三明治）
土豆削皮切小块，放到水里煮软。捞出来沥干水分放入搅拌盆，加入调料A搅拌冷却。

② 黄瓜切薄片，撒少量的盐腌制，过一会儿把水挤干。蟹肉棒切成2 cm长，随意地撕开。土豆完全凉下来之后，加入黄瓜、圆白菜、蟹肉棒和蛋黄酱搅拌。夹在面包里做成两个三明治。

③ （制作炸鸡三明治）
在4片主食面包上涂抹黄油，圆白菜切丝。

④ 将鸡胸肉纵向切成两块，先撒上盐和胡椒粉，再按照小麦粉、鸡蛋液、面包糠的顺序裹在鸡胸肉上。在平底锅中放入1/2杯的色拉油加热，把鸡胸肉放到锅里煎炸至两面金黄，取出后趁热泡入B的混合调料里。将鸡胸肉分别放在两片面包上，再铺上圆白菜，挤上少许蛋黄酱，做成两个三明治。

【材料】
（土豆沙拉三明治）土豆……1个大的、黄瓜……1/2根、盐……少许、蟹肉棒……2条、圆白菜·做炸鸡三明治剩下的圆白菜、蛋黄酱……少量
A：法式调味汁……1大勺、蛋黄酱……2大勺
（炸鸡三明治）8片装主食面包……4片、黄油……少许、圆白菜……2片、鸡胸肉……2大条、盐·胡椒粉……少许、小麦粉·鸡蛋液·面包糠……各适量、色拉油……1/2杯、蛋黄酱……适量
B：中浓辣酱汁……3大勺、柠檬汁……1小勺、黄芥末酱……1/2小勺

饮食导师

野村友里

食物创意团队"eatrip"的核心人物。活跃于餐饮行业、杂志、广播等多个领域。2009 年，第一次导演制作了纪录片《eatrip》。

1.野村和面包店的员工关系都不错。"今天有什么？"她总是向他们打听有没有值得推荐的应季面包；2. Levain 也销售面粉；3. Levain 自己磨的白色的小麦粉和全麦粉。用这些面粉和酵母制作好吃的天然酵母面包。面粉使用的是日本国产小麦

Levain

东京都涩谷区富谷2-43-13
☎ 03-3468-9669
营业时间：8:00~19:30，周日·节日~18:00
休息日：周三，每月的第二个周四　就餐区：有（咖啡馆 Le Chalet）

一间好的面包店让整条街都充满活力

饮食导师野村友里说自己"喜欢所有类型的面包"。每次出国的时候，她都要造访当地的面包店。

野村自己在日本光顾超过 10 年的面包店名叫 Levain，她告诉我说："在大多数人还不知道天然酵母为何物的年代里，Levain 就一直在使用了。总感觉这家经营多年的店铺自带有益菌。"野村在 Levain 购买平时吃的面包，遇到应季食材制作的限量款面包也会忍不住出手。

面包店 Signifiant Signifie 就在世田谷 MONODUKURI 学校的 eatrip 教室附近，野村也是那里的常客。"每次去 Signifiant Signifie 都有新品种，我非常钦佩厨师的用心。面包也是人品的表达。每当想到志贺先生一边思考着面包的问题一边用心揉面的样子，我就想品尝一下他家的面包。Signifiant Signifie 的面包不用搭配任何东西就很美味了。"

野村说，能有一间好的面包店，整条街都变成了好地方。早上起来，去面包店吃上一顿可口的早餐，一天有了个美好的开始，眼睛里看到的都是幸福。

Signifiant Signifie

东京都世田谷下马2-43-11 1F
☎ 03-3422-0033
营业时间：11：00~（向店铺咨询）
休息日：不定休
就餐区：有（品尝区）

想要轻轻松松地享用面包

果酱是一种野村不能缺少的面包之友。她很早开始就非常喜欢煮果酱，可是因为工作关系去了美国之后，想法发生了一些变化。

"过去，我总是先有想煮果酱的心情，再下各种功夫去做。可是到了美国之后，街边到处都长着柠檬树，院子里也有好多的柠檬。因为有果子成熟所以想做果酱，又因为做了太多的果酱，所以想送给周围的人一起分享。我觉得这样的循环才是自然的。"

野村父母在长野县种的蓝莓和大黄成熟了，她就会采摘下来做果酱。因为是自己种的，吃起来也觉得格外可口。无论是蓝莓果酱还是大黄果酱，那漂亮的颜色都叫人一见倾心。

成了今天最棒的美味。并没有事先计划好，"特别好吃"，所以要做这个"，就是很随意地做了水煎蛋，却

面包之友有浓郁的鸡肝大酱肉派配辣味菜花沙司（照片 P149 鸡肝大酱肉派上面的），鸡肉、猪肉和果仁做的肉派。还有在日清世界熟食店（NISSIN WORLD DELICATESSEN）买到的分量感十足的火腿制作的开放式三明治，再就是野村早餐经常吃的水煎蛋。

"把烤得脆脆的面包撕成小块，配上戳破的鸡蛋来吃简直是人间美味。"

面包最大的优点就是可以轻轻松松地去享用，把家里的常备食材简单加工一下配上面包吃，看似不够丰富，但味道也许是最好的。

今天买到的各种面包

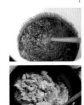

1.正在用长野果园里采的蓝莓做果酱；2.鸡肝大酱肉派，这样看起来已经挺好吃了，不过还要用粉碎机打碎，那样才会有丝滑浓稠的味道；3.世田谷 MONODUKURI 学校的 eatrip 教室。这间厨房里诞生了很多美食

推荐的食谱

鸡肝大酱肉派

（4人份）

【材料】

鸡肝……250 g、黄酒……2大勺、黄油……2大勺、
大蒜末……1片、大葱末……80 g、芝麻酱……1大勺、
红味噌……30 g、根据喜好还可以加入奶油

【做法】

① 鸡肝用冰水泡20分钟以上，去除腥味。
② 将①取出，用纸把水吸干，切成一口大小。
③ 在平底锅里加入黄油、大蒜末和大葱末，炒出香味
　 后加入鸡肝和黄酒翻炒，直到腥味完全去掉为止。
④ 将③用粉碎机打到光滑细腻，再加入红味噌和芝麻
　 酱调味。根据个人喜好还可以加入奶油。

果仁肉派

将鸡肉和猪肉混合，加入大量果仁的肉派，咀嚼果仁的特殊口感让人心情愉悦。

开放式三明治

面包上搭配用橄榄油拌过的火腿、番茄和生菜。

水煎蛋

把鸡蛋倒进加了醋的开水里就做好了。用烤脆的面包蘸着蛋黄吃。

酸奶油和
大黄果酱

面包搭配酸奶油和酸甜的大黄果酱特别可口。

社会企业家

约翰·摩尔

社会企业家，原巴塔哥尼亚日本分公司社长。现在是约翰·摩尔有机农业的负责人。曾开设课程讲解关于家庭环保型农业的认定资格。

Q1

您家里的常备面包是什么？

Ⓐ

东京都现代美术馆内
**content
Restaurant的
鲁邦面包**

Q2

能告诉我您喜欢它的理由吗？

Ⓐ

这才叫真正的面包。很多人都觉得面包应该是非常松软的，其实不然。面包要很有嚼劲儿的才对。

Q3

能告诉我常备面包您推荐的吃法吗？

Ⓐ

一般是什么都不配，直接吃的。有时候也涂黄油或蜂蜜吃，如果同时搭配奶酪和橄榄油那就是无与伦比的美味了。

Pate屋

林Nori子

位于田园调布，销售手工肉派和蔬菜冻等的副食店Pate屋的老板。还为"食物"研究工作室的活动忙碌着。

Q1

您家里的常备面包是什么？

Ⓐ

**Esprit de Bigot
的鲁邦面包**

Q2

能告诉我您喜欢它的理由吗？

Ⓐ

香气诱人很有嚼劲，还有适度的湿润口感。要是有发酵黄油和葡萄酒的话，就可以"干杯"啦！

Q3

能告诉我常备面包您推荐的吃法吗？

Ⓐ

冬天会夹上苹果切片和蓝奶酪做三明治，再配上一杯苹果酒。夏天就用很多橄榄油拌上切碎的番茄，把撕碎的面包泡在里面吃。

奶酪专门店 Euro Art

铃木荒太

奶酪专门店Euro Art的负责人。销售能够搭配葡萄酒和面包的自制奶酪，很多客人都是为了这里的自制奶酪而来。

Q1

您家里的常备面包是什么？

Ⓐ

**La Fougasse
的葡萄干面包**

Q2

能告诉我您喜欢它的理由吗？

Ⓐ

搭配白奶酪、蓝奶酪、洗浸奶酪都不错，和葡萄酒也很搭。还有，用这款面包制作法式吐司，再涂上枫糖浆很可口。

Q3

能告诉我常备面包您推荐的吃法吗？

Ⓐ

面包切薄片，放上羊乳干酪一起吃！还可以涂上我们Euro Art自创的"面包专用奶酪酱"。

丹麦大使馆的
工作人员

延斯·詹森

出生在丹麦，生活在东京。现在
是丹麦大使馆的工作人员。向大
家介绍田园聚会等丹麦文化。

Q1

您家里的常备
面包是什么？

Hillside Pantry
代官山的天然酵母
核桃面包

Q2

能告诉我您喜欢它
的理由吗？

面包烤得很焦脆，还带着天然酵母
特有的香味。核桃的口感是面
包的亮点，平时中午基本都在
Hillside Pantry 代官山吃面包和
沙拉。

Q3

能告诉我常备面包您
推荐的吃法吗？

我把在小田原周末采摘园里摘到
的柑橘做成了果酱搭配面包吃，
还有奶酪也不错。我喜欢乡村面
包还有核桃面包这种硬系面包。

面包记者

清水美穗子

关注报道好吃的面包和面包周围的
人。每天在网站"全都是关于面包"
和杂志等媒体上更新信息。

Q1

您家里的常备
面包是什么？

Le Petitmec
的长棍面包

Q2

能告诉我您喜欢它
的理由吗？

这是一款传统、简单的面包，外
壳焦香且带有光泽感，面包心口
感弹糯。用最少的食材做出了最
讲究的味道，面包师的技艺让人
深深折服。

Q3

能告诉我常备面包您
推荐的吃法吗？

"KANENA"的早摘橄榄油散发
着青番茄清新的香气，我喜欢用
面包蘸着吃。优质食材的搭配组
合，特别想和家人朋友一起分享。

烹调研究家

Panzetta
贵久子

意大利料理教室"乳母的餐桌"
的主持人，著作有《嫁入吉罗拉
莫家的食谱》等。

Q1

您家里的常备
面包是什么？

Molino Oro
Grano的
Pangiovane面包

Q2

能告诉我您喜欢它
的理由吗？

香味独特，让人吃了上瘾。此外，
它的抗氧化能力很强，所以还有
抗衰老效果。虽说一吃就停不下
来，不过不会超过推荐的每日摄
取量。

Q3

能告诉我常备面包您
推荐的吃法吗？

我最喜欢的是烤脆一点儿的，夹
上蔬菜做成意式三明治。

从那家面包店学到的

秘藏员工餐食谱

想知道你经常购买的大爱面包，
面包店的人是怎么吃的吗？
这次我们去店里学习了不少搭配技巧。

沙拉

食谱

1

在家里品尝餐厅的味道

布里欧修
美味沙拉

绝对是一盘分量感
十足的沙拉，樱桃酱汁
酸甜的味道很适合
搭配布里欧修和香肠。

【材料】2人份
布里欧修……150 g
苹果……1/2 个
香肠……6根
沙拉用蔬菜……80 g
樱桃酱汁……适量

【做法】
❶ 将布里欧修切成一口大小，苹果和香肠也切成适口的大小，放在烤网上烤微焦。
❷ 布里欧修、苹果、香肠混合，用樱桃酱汁拌匀。
❸ 用樱桃酱拌匀沙拉用蔬菜，和❷混合就完成了。

· 樱桃酱汁
法式沙拉汁和加入了香醋的果酱
1:1混合而成

· 法式沙拉汁
色拉油……50 mL
洋葱碎……5 g
大蒜酱……少许
法式芥末酱……3 g
白葡萄酒醋……15 mL
盐……少许
黑胡椒……少许

🥄 **Hillside Pantry代官山**
东京都涩谷区猿乐町 18-12 Hillside
terrace G栋B1F
☎ 03-3496-6620
营业时间：10:00~19:00　休息日：不定休
最近的车站：东急东横线代官山站

果酱：Hillside Pantry代官山出售的加了香醋的樱桃果酱。酸甜的口感和香肠的咸鲜味很配。

食谱

2

放在刚出炉的面包上也不错

土 豆 沙 拉

用鳗鱼和芥末酱
提味，
再配上一杯葡萄酒，
绝对是老饕的面包之友。

【材料】2人份
土豆……3个大的
洋葱……1个大的
黄瓜……1根
火腿……3片
紫叶生菜……适量
细叶芹……装饰用

A（酱汁）
蛋黄酱……5大勺
颗粒蛋黄酱……1大勺
鳗鱼酱……1.5小勺
鲜奶油……50 mL

【做法】
❶ 土豆煮软，剥皮冷却，竖着
切两半再切成1 cm厚的条。
洋葱切片。
❷ 洋葱和土豆用酱汁A搅拌。
❸ 黄瓜和火腿切片，在盘底铺
紫叶生菜，把❷放在上面，
再装饰上黄瓜、火腿和细
叶芹。

🏠 Atelier de mannebiches

熊仓爱

东京都文京区西片1-2-2
☎03-5804-4242
营业时间：10:00~19:00
休息日：周二，每月两次不定休
最近的车站：都营三田线春日站

关键是不要把土豆捣烂，土块土块地
直接和蛋黄酱一起拌。土豆选北海道
的五月皇后，热热的吃起来口感最好。

食谱

3

变硬的面包也好吃

潘扎内拉

【材料】2人份

变硬的面包……约50 g
紫洋葱……1/4个
小个番茄……5个（或换
成迷你番茄12个）
黄瓜……1根
罗勒……适量
苹果醋……35 g
橄榄油……40 g
盐……少许
黑胡椒……少许

【做法】

❶ 变硬的面包用水泡5分钟，
只要用手能轻松攥碎就行。

❷ 紫洋葱切片，在水里泡一下。
小个番茄或迷你番茄对半切
开。黄瓜用手掰到容易吃的
大小，罗勒切碎。

❸ ❶泡软之后轻轻挤一挤，但
不要完全挤干，再用手撕碎
（大小不一没问题）。

❹ 紫洋葱拉干水，和小个番茄
或迷你番茄、黄瓜、罗勒一
起放入搅拌盆，加入苹果醋、
橄榄油和盐调味。

❺ 加入面包搅拌均匀，放进冰
箱冷却。吃的时候根据喜好
撒上黑胡椒。

请享用意大利
托斯卡纳传统的
简单味道。

※乡土的传统食谱要求使用
不用盐的面包，不过乡村面包
之类的也可以

变硬的面包泡在水里就能变得好吃，
绝对是个让人意外的食谱。根据面包
变硬的程度不同，调整泡在水里的
时间。

原田浩次

🏠 **街上的茶室**
东京都练马区小竹町2-40-4 1F
☎ 03-6312-1333
营业时间：7:30~21:00（末次点单）、周
一~18:00（末次点单）
休息日：周二 最近的车站：东京地铁·副
都心线小竹向原站

食谱

4

想和长棍面包一起吃

文蛤杂烩汤

正宗的美式豪放吃法，
就是这样多得快要从碗里
冒出来了。切成小块的长棍面包
有的泡在汤里，有的浮在上面，
快点享用吧……

【材料】2人份
洋葱……1/2个小的
芹菜……10 cm长的一段
胡萝卜……1/2根
土豆……2个小的
菲律宾蛤仔（罐头）……1
小罐
黄油……2大勺
小麦粉……2大勺
水……200 mL
牛奶……200 mL
鲜奶油……150 mL
盐……少许
胡椒……少许
长棍面包……1/2根

【做法】
❶ 将洋葱和芹菜切碎末，胡萝卜切成5 mm的小块。
❷ 锅里放黄油中火加热，将❶的蔬菜放进去炒软。
❸ 加入小麦粉，混合1分钟后加水。
❹ 胡萝卜变软之后，加入切成小块的土豆。土豆煮软后，加入菲律宾蛤仔、牛奶、鲜奶油、盐、胡椒。
❺ 把长棍面包切成2 cm的方块，烤2~3分钟。将汤和面包装满容器就完成了。

这道菜的灵感来自在美国圣弗朗西斯科留学时经常吃的文蛤杂烩汤。满满一碗一定能吃到满足哦！

荣德友纪

⚓ **Bluff Bakery**
神奈川县横滨市中区元町 2-80-9
HIRUKURESUTOOGURA 1F
☎ 045-651-4490
营业时间：8:00~13:30，15:00~18:30
休息日：周二、周三
最近的车站：MINATOMIRAI线元町中华街站

食谱

5

热吃冷吃都可以

法式蔬菜杂烩和西班牙
超辣半干香肠三明治

> 不仅是三明治，
> 法式蔬菜杂烩被应用在
> 各种料理中。
> 把它作为冰箱里的
> 常备菜是很方便的。

三明治

【材料】容易操作的量

法式蔬菜杂烩
: 茄子……2条
: 西葫芦……1条
: 洋葱……1个大的
: 红椒、黄椒……各1个
: 大蒜……1/2瓣
: 月桂叶……1/2片
: 百里香……1小束
: 朝天椒……1根
: 橄榄油……适量
: 盐……少许
: 白胡椒……少许
: 番茄酱……2大勺

西班牙超辣半干香肠……2根
橄榄油……适量
紫叶生菜……1张
圆面包……2个

【做法】

① 制作法式蔬菜杂烩。茄子和西葫芦切成长条，用盐水泡5分钟去掉苦涩味。
② 锅里倒橄榄油中火加热，放入大蒜、月桂叶、1小束百里香和朝天椒炒香。
③ 在②的锅中加入切成1 cm小块的洋葱、盐、白胡椒，一直炒到洋葱变透明。
④ 再取1只平底锅，倒入橄榄油把西葫芦炒一下，倒入③的锅里。
⑤ 在④的平底锅里多倒一些橄榄油，带皮的一面朝下炒茄子，紫色变淡后也加入③的锅里。
⑥ 在③的锅里加入切成2 cm小块的红椒、黄椒翻炒，最后加入番茄酱。让所有蔬菜都裹上酱汁后就可以关火了。热气散了之后就可以放进冰箱里。
⑦ 西班牙超辣半干香肠切成一口大小，用橄榄油炒一下放凉。将西班牙超辣半干香肠和2人份的法式蔬菜杂烩混合。
⑧ 把圆面包从中间切开，放1片紫叶生菜，再夹入法式蔬菜杂烩和西班牙超辣半干香肠，三明治就完成了。

🍞 Atelier de mannebiches

食 谱

6

分量感十足

法式开放三明治

把喜欢的料放在面包上烤一下，冰箱里的常备菜都能用上。

【材料】2人份
乡村面包……2片
格吕耶尔干酪（比萨用奶酪）……适量
火腿、番茄、鸡蛋、橄榄、土豆沙拉、嫩煎蘑菇等喜欢的食材

【做法】
乡村面包切薄片。把各种喜欢的食材和格吕耶尔干酪或比萨用奶酪放上去，200℃的烤箱烤4~5分钟。

⬆ **Boulangerie VIRON 丸之内店**
东京都千代田区丸之内2-7-3 东京大厦 TOKIA 1F
☎03-5220-7288
营业时间：10:00~21:00
休息日：根据TOKIA大厦的营业时间，不定休

享受香脆的口感

猪脚加核桃的意式烤面包

食 谱

7

烤过的核桃嚼起来很带劲，猪脚和猪耳朵的口感简直绝了！也可以撒上一些格吕耶尔干酪放进烤箱加热。

【材料】容易操作的量
猪脚……1只
猪耳朵……1只
洋葱、番茄、芹菜心等家里用剩下的蔬菜
盐……少量
高汤块……2块
水……适量
红葱……2个
大蒜……1瓣
烤过的核桃……5大勺
核桃油……3大勺
第戎芥末酱……2大勺
白胡椒……适量
长棍面包（1.5 cm厚）……2片
紫苏叶……适量

【做法】
① 将猪脚、猪耳朵、各种剩蔬菜、盐和高汤块放入锅里加水完全没过食材，小火煮4~5小时，直到猪脚上的骨头能自然脱下来即可。趁热给猪脚去骨放凉。将冷却好的猪脚和猪耳朵切成3 cm长的细丝。
② 红葱切片，大蒜切末，把猪脚、猪耳朵和烤过的核桃放进去。再混入白胡椒调味。
③ 将①和②合在一起。拌入核桃油和第戎芥末酱，用白胡椒调味。
④ 混合好的食材放到长棍面包上。放入230℃的烤箱烤7~8分钟。摆上切碎的紫苏叶当装饰。

⬆ **Atelier de mannebiches**

喷香的大肉块绝对够豪放

烤肉风三明治

食谱
8

焦香的牛肉搭配可熔融化的奶酪，最上面再抹上一些莎莎酱。

【材料】2人份

牛肉（牛臀尖）……180 g
※牛肉片也可以
盐……1小勺
黑胡椒……适量
大蒜（捣碎）……1小勺
蛋黄酱……2大勺
油……适量
可熔奶酪（硬质马苏里拉等没有什么怪味的品种）……适量

巴塔花式面包等有嚼劲的法式面包……20 cm

莎莎酱
番茄……1/2个
洋葱……1/4个
青椒……1/4个
柠檬汁……1小勺
盐……1小撮

【做法】

① 去掉牛肉的筋，按顺序涂抹盐、黑胡椒、大蒜。
② 平底锅大火加热，倒油放入牛肉，煎至表面微焦，取出备用。
③ 制作莎莎酱。番茄切成5 mm的小块，洋葱和青椒切碎，加入柠檬汁和盐搅拌均匀，让味道融进去。
④ 牛肉切薄片。
⑤ 法式面包对半切开，涂上蛋黄酱，铺上肉，上面撒可熔奶酪，放入烤箱烤至奶酪可熔化。取出后抹上莎莎酱就做好了。

⬆ **Bluff Bakery**

食谱
9

用豆腐制作的丝滑奶油，里面加了清爽的桃子肉。

微甜的魅力

豆腐奶油甜汉堡

【材料】2人份

黄油卷……4个
豆腐……150 g
奶油奶酪……100 g
鲜奶油……30 mL
桃子……2个

【做法】

在沥干水分的豆腐里加入奶油奶酪和鲜奶油混合，再把桃子切成容易吃的小块加进去。在黄油卷上切口，把做好的馅料塞进去。

⬆ **大维纳斯和烤面包的人**
东京都世田谷区代田1-35-13
☎ 03-3421-9399
营业时间：10:00～18:30※ 现在店铺的主题已经更新为健康延寿
休息日：周二

尽享法式面包

只有黄油和盐的三明治

食谱
10

冰冻黄油在口中慢慢融化，
"简单的就是最好的"，
一种让人着迷的极致美味。

【材料】 **2人份**
好吃的长棍面包……1根
好吃的冰冻黄油……适量
好吃的盐……适量

【做法】
❶ 冰冻黄油切成5 mm的薄片，切片后再放入冰箱冷藏。
❷ 根据冰冻黄油的宽度把长棍面包分段，从中间劈开。
❸ 把冰冻黄油夹在长棍面包里，吃的时候撒些盐。

※ 最好使用没有怪味、口味清淡的黄油。推荐意大利产的BONATI（利用帕马森干酪制作工艺，用鲜奶油制作的黄油）
※ 最好选择Maldon海盐这种粗粒的品种，口感比较好

👍 街上的茶室

牛奶和白沙司的完美搭配

乡村面包版
奶油烤菜

外皮酥脆的乡村面包
就快要从盘子里冒出来了，
里面口感湿润，
上面可以摆上自己
喜欢的食材。

食谱

11

葡萄酒的下酒小菜

【材料】2人份

乡村面包……2块
意式宽面……2片
生火腿……4薄片（30 g~40 g）
番茄切片……1个
蘑菇切片……2个
大蒜碎……少许
罗勒酱……少许
牛奶……100 mL~150 mL（能浸泡面包即可）
奶酪（比萨用奶酪）……60 g
橄榄油……少许

【做法】

① 在一个耐热容器里放上乡村面包薄片。
② 把用水煮过的意式宽面、生火腿、番茄切片、蘑菇切片、大蒜碎摆上，再涂上罗勒酱。
③ 从上面浇牛奶，撒一些奶酪，再涂橄榄油。
④ 240℃的烤箱烤10分钟。

店里销售的罗勒酱里加入了帕尔玛干酪

🔺 **Hillside Pantry代官山**

健康的贝果里
夹了好多用豆腐做的
清淡沙司。

食谱

12

夹在贝果里的

牛油果豆腐沙司

【材料】2人份

牛油果……1个		柠檬汁……1小勺	
洋葱……1/4个小的		盐……1小撮	
北豆腐……1/3块		黑胡椒……少许	
番茄……1/6个		生火腿……4片	
蛋黄酱……1大勺		原味贝果……2个	

【做法】

❶ 牛油果去皮，捣成粗颗粒。洋葱切碎末和牛油果混在一起放在搅拌盆里。

❷ 使用厨房用纸把北豆腐上的水吸干，用手把北豆腐掰成小块加到❶里。

❸ 加入蛋黄酱、柠檬汁和盐。

❹ 番茄先切5 mm的薄片去籽，再切成小丁，加入❸的搅拌盆里，撒黑胡椒调味。

❺ 原味贝果从中间切开，涂抹❹的沙司，再装饰上生火腿。

⬆ **Bluff Bakery**

浓缩了蔬菜美味的

意式茄丁酱

食谱

13

在烤箱里慢烤，
食材的甜味会
一点点渗出来。

【材料】 2人份

番茄酱

罐装整个番茄……1罐	一些盐分的就不需要了）
洋葱……1个大的	黑胡椒……少许
胡萝卜……1小根	西葫芦……1小根
大蒜……1瓣	茄子……1根
续随子……10颗（如果是盐渍的，要把盐洗一洗）	红椒、黄椒……各1个
橄榄油……适量	罗勒……装饰用
盐……适量（续随子上还留着	

【做法】

❶ 在铁锅中倒橄榄油中火加热，将大蒜捣碎后放进锅里。炒出香味之后，加入切粗粒的洋葱、1 cm小块的胡萝卜和续随子。蔬菜略变软之后，把灌装整个番茄边捣烂边加入，用中火煮30分钟左右，有必要的话可以加盐调味。

❷ 西葫芦和茄子切1.5 cm~2 cm厚的圆片。红椒、黄椒放在烤架或烤网烤一下，去皮，切成3 cm宽的条。摆在烤盘上，撒上一些橄榄油和盐。

❸ 把❷加入番茄酱的锅里，放入170℃的烤箱里加热40~60分钟，直到蔬菜发出光泽。最后取出用盐和黑胡椒调味，并用罗勒装饰，不冒热气了就可以放入冰箱冷却了。

⬆ **街上的茶室**

食谱 14

天然酵种制作的
面包自带酸味，
加入一点儿甜味，
简单又美味。

【材料】1人份，用量依个人口味
葡萄干法包或鲁邦面包这种使
用天然酵种的硬系面包
奶油奶酪
蜂蜜
杏酱

【做法】
❶ 葡萄干法包切薄片，涂上奶油
奶酪和蜂蜜。
❷ 鲁邦面包切薄片，涂上杏酱。

♠ Katane Bakery
东京都涩谷区西原1-7-5
☎ 03-3466-9834
营业时间：7:00~18:30
休息日：周一，每月第一、三、五个
周日
最近的车站：小田急线代代木上原站

天然酵种的硬系面包

涂奶油奶酪+
蜂蜜和杏酱

点心

食谱 15

表面烤得很焦，
吃起来香甜可口的
法式吐司。

表面焦香的

乡村面包版
法式吐司

【材料】2人份
乡村面包……4块
蛋液……（鸡蛋1个、牛奶100 mL、
甜菜糖4小勺、朗姆酒少许）
有盐黄油……适量
甜菜糖……少许
蜂蜜……少许
肉桂粉……少许

【做法】
❶ 把乡村面包切成1.5 cm的厚片，烤
之前在蛋液里泡一下。
❷ 在平底锅里放有盐黄油加热，两面煎
一下，撒一些甜菜糖，煎至焦黄。
❸ 烤好之后涂上蜂蜜，撒上肉桂粉。

♠ Levain
东京都涩谷区富谷2-43-13
☎ 03-3468-9669
营业时间：8:00~19:30，
周日·节日~18:00
休息日：周三，每月第二个周四
最近的车站：小田急线代代木八幡站

随意地用单手拿着咬上一大口的美味

布里欧修夹冰激凌

食谱 **16**

【材料】1人份
布里欧修……1个
意式冰激凌……适量
意式浓缩咖啡……根据喜好

【做法】
把布里欧修从中间切开，中间夹上意式冰激凌，根据喜好搭配意式浓缩咖啡。

 nemo Bakery
东京都品川区小山4-3-12 TK武藏小山大厦1F
☎ 03-3786-2617
营业时间：9:00~23:00（末次点单 22:30）
休息日：周三
最近的车站：东急目黑线武藏小山站

布里欧修里夹上意式冰激凌，搭配意式浓缩咖啡的下午茶就是这么优雅。

食谱 **17**

热乎乎的美味点心

长棍面包和水果干做的奶油烤甜品

【材料】2人份

长棍面包……1/2根	黄油……10 g	
无花果干……100 g	香草豆……少许	
加州梅干……100 g	B	
（卡仕达酱）	蛋黄……1个	
A	全蛋……1个	
牛奶……220 mL	细砂糖……60 g	

【做法】
① 把A放到锅里，加热到锅边冒泡就可以了。
② 把B的食材混合，一边加入A一边搅拌。
③ 把切成小块的长棍面包泡在②当中搅拌，再放入切小块的无花果干和加州梅干，倒入耐热的小模具里。
④ 烤箱预热到170℃烤13分钟。

加上卡仕达酱一起烤就是一款很特别的奶油烤甜品了！

🍞 ARTIZAN BOULANGER CUPIDO
东京都世田谷区奥泽3-45-2 1F
☎ 03-5499-1839
营业时间：10:00~ 商品售完为止
休息日：不定休
最近的车站：东急目黑线奥泽站

早餐最棒的组合

考虑面包与咖啡及葡萄酒的相配度

面包的幸福组合

一起吃的话会变得更好吃，发现各种组合也是一件快乐的事儿。
无论咖啡还是葡萄酒，
我们都为你找到了各种"满足感爆棚"的最棒组合。

面包

×**CO**

不是要换口味而是要提升味道

很早以前人们就发现咖啡和面包很适合搭配在一起享用，要想找到这两样食物更多的缘分，应该如何做呢？

"咖啡如今已经和葡萄酒一样，会标明产地和农庄，满足人们个性化的需求。如果能根据每种咖啡豆的特质搭配不同的面包，好的组合会带来更好的体验。每次考虑食材之间的协调搭配也挺有意思的。"

说这话的是"NOZY COFFEE"的老板能城，店里经常主办关于咖啡和甜点、面包等搭配的研究班。

为了能品尝到咖啡不同的特色，先不要混合豆子，而是单独享用（什么人在什么地方如何种植的，所有信息都很明晰，没有混合的豆子）就好。和面包搭配有个一种组合依据。"

在研究班里，大家一边尝试一边寻找最佳组合。"当发现真正适合的搭配时，不会感觉哪一方更加突出，而是两者自然地融合在一起，感觉比单独尝其中一种

NOZY COFFEE
老板
能城政隆

2010 年开了咖啡专卖店
"NOZY COFFEE"，备受瞩
目。店里经常主办关于探索
食物和咖啡搭配的主题研
究课程

诀窍，"带有果香味的浆果系咖啡豆，就可以搭配同样使用浆果和水果的面包。也就是把风味相近的品种搭配在一起。还有丝滑浓郁的咖啡适合搭配比较有质感的面包，质感的强弱也可以作为要美味很多。更有意义的是，一种新的口味诞生了。"

"搭配组合能
诞生出新的风味"

NOZY COFFEE
东京都世田谷区下马 2-29-7
☎03-5787-8748
营业时间：11:00~19:00 休息日：无
最近的车站：东急田园都市线三轩茶屋站

FFEE

散发着浆果香气的咖啡
×
浆果面包

危地马拉的 Todosanterita 咖啡拥有葡萄酒一样醇厚的质感和浆果与黑加仑的特殊香气，搭配加入了3种浆果的"红色浆果面包"，两种浆果风味在口中重合

像巧克力一样的咖啡
×
像黑豆一样的面包

"巴西庄园圣伊内斯咖啡"拥有类似白巧克力的甜蜜和质感，推荐搭配一款加了很多蜜黑豆的"黑豆面包"。两种食物柔和的甜味融为一体

搭配什么样的咖啡？

准备很多种咖啡和面包，就像举行派对一样，找到最佳组合的过程充满了乐趣。
这次邀请了隔壁"signifiant signifie"的面包进行配对。

※NOZY COFFEE的咖啡豆阵容随时都在更换

明快的酸味咖啡
×
大黄面包

埃塞俄比亚耶加雪菲小镇加的咖啡带有明快的柑橘系酸味和糖浆一样的甘甜，和大黄面包卷着的大黄果酱的酸甜口感一拍即合

甜辣味的咖啡
×
果仁水果面包

卢旺达马拉巴咖啡带有独特的甜辣口感，"葡萄酒面包"散发着水果香气，还带有干果和辛辣的风味。双方的共同点不少

圆乎乎的咖啡豆
×
香蕉杧果面包

"哥伦比亚Chinchal庄园咖啡"润滑的口感，与加了香蕉杧果酱的甜点风格的乡村面包简直就是绝配

搭配原则

关注质感的强弱

口味浓郁的咖啡搭配加了奶油奶酪的面包，类似这样有的口感丝滑，有的口感清爽，可以选择质感接近的搭配在一起，让食物相互衬托，实现完美的组合。

选择相似的风味

比如加了柑橘系果实的带有温和酸味的咖啡，可以配加了橙子的面包，享受一款清爽的组合。风味接近的食物比较容易搭配在一起吃，咖啡说明书上介绍的特征可以作为参考。

面包 ✕

味道能融为一体就是特别相宜的组合

　　"MAISON ICHI"店里摆满了多彩诱人的猪油蛋糕、法式开放三明治，还有漂亮的小麦色硬系面包。环顾四周，"放了迷你番茄和橄榄油沙丁鱼的猪油蛋糕"，"配了香肠和西蓝花的开放式三明治"等，食材的组合搭配很像一道开胃菜，看上去特别适合搭配葡萄酒。还有很多面包都加入了橄榄、奶酪和水果干。不用说，店主市毛先生是一位超级葡萄酒迷。"我总是不由自主地做一些适合搭配葡萄酒的面包。"他笑着对我们说。早在学习阶段，市毛先生就通过自修获得了葡萄酒专家的资格，绝对不可小觑。

　　面包主要就是用来"制作容易搭配菜肴的主食面包，所以不光是葡萄酒和面包，还有奶酪和各种菜肴，希望大家尝试各种不同的组合感受美食的乐趣"。虽然这么说，偶尔"还是会把面

MAISON ICHI
老板
市毛理

他是MAISON ICHI的面包主厨，独立的实力派。2号店"patisserie-traiteur ichi"也很受欢迎

白葡萄酒，如果是全熟味浓的黑橄榄，那红葡萄酒就是不二之选了。大多数情况下，颜色接近的食物会比较相配。还有就是产地靠近的更容易组对。如果是夹了烟熏三文鱼的三明治，就可以

包当成小菜来配葡萄酒"。

　　市毛告诉我们，考虑葡萄酒和面包搭配时的原则就是"颜色"和"产地"。

　　"比如使用了橄榄的面包在搭配葡萄酒的时候，如果是清脆的绿橄榄可以搭配

搭配以鱼类菜肴见长的卢瓦尔地区的白葡萄酒。从食材的产地展开一系列的联想是很有趣的。"

"先从自己喜欢的葡萄酒开始尝试吧"

MAISON ICHI
东京都涩谷区猿乐町 28-10 Mode Cosmos 大厦 B1
☎ 03-6416-4464
营业时间：7:00~22:00　休息日：周一
最近的车站：东急东横线代官山站

WINE

红葡萄酒

暑热地区的浓郁红酒 × 加了橄榄的面包

在法国南部朗格多克地区暑热的大地上孕育出的"Domaine Les Roques"，浓缩后的果实的味道馥郁而优雅。卡拉马塔橄榄普罗旺斯香草面包使用长在暑热地区希腊的浓黑橄榄，和这款酒很搭

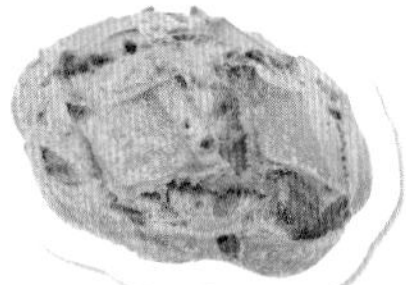

辛辣粗犷的红酒 × 肉桂杧果面包

厚重粗犷的"CÔTES DU RHÔNE"搭配了口感软糯的"肉桂杧果面包"。用肉桂配合红酒浓郁辛辣的口感，杧果和酒里的果香搭配相得益彰

搭配什么样的红酒？

市毛反复纠结最终确定下来的葡萄酒和店铺面包的配对。
先选好一瓶红酒，再去任意组合会比较方便一些。

【起泡酒】

【白葡萄酒】

新鲜清爽的
白葡萄酒
×
杏肉果仁面包

小酸橘等清新的果味，搭配酸味重的杏肉和富含矿物质的榛仁很不错。推荐卢瓦尔的"清奈酒庄麝香干白"和"杏肉榛仁面包"的组合

味道浓郁的白
葡萄酒
×
牛角面包

"JOSME YER"带有杏肉和鲜花的清甜微苦口感，果实味道浓郁，它和使用发酵黄油的牛角面包非常配

清爽的辣口起泡酒
×
味浓的猪油蛋糕

卡瓦"水晶金钻天然起泡葡萄酒"口感爽辣，它和细腻浓郁的"培根土豆猪油蛋糕"组合。猪油蛋糕脂肪含量偏高，比较油腻，搭配辣口的起泡酒爽口解腻，真是一种绝妙的中和

【搭配原则】

将产地接近的食材相互组合

与传统文化共同发展起来的葡萄酒最适合搭配当地的料理和食材。比如说三明治里夹的帕尔马生火腿，就可以选择搭配艾米利亚罗马涅的葡萄酒。从产地出发考虑组合是一条捷径。

关注颜色的浓淡

比如白色的葡萄酒当中有透明的，也有发黄和发绿的，种类繁多。如果是深黄色就搭配大量使用黄油的面包，淡绿色的可以搭配加入了香料的面包，颜色接近的在口味上也会更加相配。

珍藏单品大集合

让美味蔓延的面包之友

只要涂一层就能让面包变得更美味，面包之友就是这么简单有魅力。
这里推荐的都是面包师在蜂蜜和奶酪等专卖店里精选出来的品种。

果酱

JAM

向果酱专卖店 Confitune et Provance 打听到的美味搭配这种个性突出的面包，可以搭配香蕉等香醇的酱料，还有黑无花果和李子之类味浓的果酱。相反，松软的庞多米面包可以搭配口味细腻的白桃酱和橙子酱等清爽的水果酱。颜色漂亮的柑橘系果酱早上吃，会让你拥有一整天的好心情。

Confitune et Provance 的
青番茄酱
店里最受欢迎的稀少果酱。番茄清爽的绿色和柔和的口感让很多人着迷。烤箱加热一下香气会更加浓郁。/ A

Esprit de BIGOT 的
无花果酱
法国的果酱女王克里斯汀·费伯（Christine Ferber）因制作果酱而闻名，这款果酱就是由曾经跟随她学习的厨师亲手制作的。味道很浓，吃过唇齿留香。特别适合搭配鲁邦面包。/ B

ARTISAN TERRA 的
牛奶酱
这款酱是用熊本县阿苏爱薇牛奶和有机糖小火慢煮制成的，口味很像浓郁的炼乳。烤箱加热过的面包，涂上黄油和这款酱，味道真是绝了！/ C

肉酱

SPREAD

向肉酱专卖店"PATE屋"打听到的美味搭配

带一点儿酸味的蔬菜系肉酱涂在切成薄片的长棍面包上，猪肝酱、牡蛎酱等风味独特的肉酱，推荐搭配沉甸甸的乡村风格面包。猪肉酱一类重口味的肉酱，搭配稍微有些特殊口味的德系面包吃起来也很可口。

提供面包之友的店铺

Confitune et Provance（银座本店）
东京都中央区银座 1-5-6
☎ 03-3538-5011
营业时间：11:00~19:00
休息日：无休
最近的车站：东京地铁银座线银座站

B

Esprit de BIGOT
东京都世田谷区多摩川田园调布 2-13-19
☎ 03-3722-2336
营业时间：8:00~19:00
休息日：周三
最近的车站：东急大井町线九品佛站、自由丘站

ARTISAN TERRA
东京都世田谷区下马
2-44-11
☎ 03-5787-8850
营业时间：10:00~20:00
休息日：不定休
最近的车站：东急田园都市线三轩茶屋站

PATE屋
东京都世田谷区玉川田园调布 2-12-6
☎ 03-3722-1727
营业时间：11:00~18:00
（周六 12:00~13:00 无休）
休息日：周日、周一、周二、节日
最近的车站：东急东横线田园调布站、自由丘站

PATE屋的

肝酱

使用香料和盐调出肝脏的鲜味儿，再加入大量香味蔬菜制作成的肝酱很受欢迎。搭配乡村面包和长棍面包非常不错。／D

PATE屋的

猪肉酱

猪肉用盐和香辣调料腌制一个晚上，再用红酒煮到软烂的肉酱。粗肉糜软硬度适中的口感和丰富的香味极为可口。／D

Esprit de BIGOT的

普罗旺斯金枪鱼泥

在金枪鱼中加入蒜蓉、大蒜、橄榄、香葱等做成的肉泥。蒜香味儿特别勾人食欲，很适合制作三明治。／B

PATE屋的

牡蛎菠菜酱

"PATE屋"制作的肉酱保留了食材原本的味道，很受食客们的青睐。这款酱浓缩了烟熏牡蛎的鲜味，特别适合下酒。涂在长棍面包上就是一道开胃菜了。／D

奶酪

CHEESE

向奶酪专卖店 **"Euro Art"** 打听到的美味搭配

奶酪本身和面包就是很相配的，比如说早餐吃长棍面包的话，可以选择清爽的山羊奶酪，像这样根据每一餐的感觉来选择比较容易。可以根据不同的氛围和菜肴进行搭配，享受不同的组合。

Cerfeuil的

橙子奶酪

很受欢迎的瓶装奶酪专卖店"Cerfeuil"，丹麦产的奶油奶酪和橙子、白兰地一起长时间慢煮，香味很丰富。／ G

Euro Art的

布兰切奶酪

特制的奶酪底子里加入了很多用红酒腌制的无花果。强烈而浓郁的味道吃一次就忘不了。／ H

Euro Art的

美莫勒奶酪

白奶酪等几种奶酪混合，再加入杏肉，口味细腻高雅。杏肉的口感让人心情愉悦。／ H

Cerfeuil的

混合浆果

覆盆子等4种红色浆果和奶油奶酪、洋酒一起慢煮制成的酸甜口味的混合奶酪。推荐和牛角面包一起享用。／ G

PATE屋的

奶油奶酪酱

用奶油奶酪打底，加入蓝奶酪和香料的奶酪酱香气很浓，不是所有人都能接受。可以搭配水果做成三明治。／ D

Euro Art的

开胃酒奶酪

超人气的奶酪专卖店"Euro Art"，用白奶酪等多种奶酪制作的酱，后期经过熟化还会留下奶酪醇厚的香味。／ H

L'ABEILLE 的

向日葵蜜

明快的黄色很吸引眼球，是从勃艮第产的向日葵上取下的花蜜。恰到好处的酸味和丝滑让口感更加浓郁。搭配硬系或软系面包都可以。/ F

L'ABEILLE 的

百里香蜜

集结60种以上蜂蜜的专卖店"L'ABEILLE"。西西里岛产的百里香带有香草的气味，以及浓重的甜味和清爽的酸味，适合搭配长棍面包和吐司。/ F

Les Abeilles 的

森林植物蜜

口味很浓，就像黑蜜一样醇厚美味。搭配乡村面包就不用说了，牛角面包涂上它也很可口。/ E

Les Abeilles 的

洋槐蜜

知名面包师御用的巴黎果酱专卖店Les Abeilles。洋槐蜜是透明的，口味细腻，能感受到淡淡的花香。可以搭配松软的庞多米面包。/ E

提供面包之友的店铺

 E

Les Abeilles

☎ 03-6809-1833
※ 购买可以通过HP，也可以在Mont St Clair等正规代理店

 F

L'ABEILLE 荻洼本店

东京都杉并区天沼3-27-9
☎ 03-3398-1778
营业时间：
10:00~19:00
休息日：无休
最近的车站：JR中央线荻洼站

 G

Cerfeuil 轻井泽银座店

长野县北佐久郡轻井泽町轻井泽606-4
☎ 0267-41-3228
营业时间：
10:00~18:00（不同季节会有所调整）
休息日：不定休
最近的车站：JR信越线轻井泽站

 H

Euro Art

东京都目黑区中央町2-35-17
☎ 03-5768-2610
营业时间：
11:15~19:00
休息日：周一
最近的车站：东急东横线学艺大站

蜂蜜

HONEY

向蜂蜜专卖店"L'ABEILLE"打听到的美味搭配
面包和蜂蜜一样，都是颜色越深味道越浓，所以白色的面包要搭配发白的蜂蜜，黑色的面包则搭配颜色深的蜂蜜会比较合适，像香料蜂蜜这种香气很重的品种，涂在烤箱加热的面包上香味去更明显

打造别样好味

三明治的法则

选什么食材，怎么夹？

为什么面包店的三明治总是和家里做的不太一样？
公开专卖店独有的做法和夹馅秘诀！

热三明治专卖店

Mable
东京都品川区中延3-2-4
☎03-3784-0291
营业时间：10:00~19:00（周六日、
节日：9:00~18:00）
休息日：周三
最近的车站：东急池上线在原中延站

三明治专卖店

Croust'wich
东京都中央区银座4-6-16银座三越B2F
☎03-3535-1842
营业时间：10:00~20:00
休息日：无休（以三越百货营业时间为准）
最近的车站：东京地铁银座站
※销售的商品有可能出现变化

教给我们
法则的是

三明治的法则

×

精选面包和
细致的料理决定了味道

=

Mable 的

热三明治

户越银座"星野面包房"的无添加主食面包。夹馅很丰富，所以选择7片装的1.6 mm厚切款。为了能更好地上色，用黄油在外侧薄薄涂一层就好

Croust'wich 的

三明治

面包用的是"Johan"的三明治专用面包。因为夹馅量很大，统一切成15 cm长，处理食材最基本是要沥干水，生菜也要一张一张地蘸干水分

个性丰富的食材能够拓展口味

"完美的卖相和口味的拓展是相通的。"Croust'wich 的大西主厨这样说。店里的三明治特别关注"酸甜苦辣"的口味要素，以及香气和口感的变化。搜集到越多这些元素，不知不觉中三明治的样子也会变得越来越好看。而在热三明治专卖店 Mable，总是以固定商品为中心选择馅料。店里在刀工和配上下功夫，打造平衡和谐的口味，不会让某一种食材的味道太突出。

大家总觉得三明治是一种可以做好了可以存放的食物，其实在 Croust'wich 和 Mable "品尝新鲜出炉的味道"才是最基本的。大西主厨还告诉我们："想要品尝到面包和馅料的最佳状态，三明治也一定要吃新鲜做好的。"因为"之后不管你想多少办法，都无法超越刚出炉的味道和口感"。柴田先生也和我们强调了新鲜的重要性。

同样讲究新鲜出炉的两家店的另一个共通点是，黄油和蛋黄酱不会涂在面包的内侧。有的是为了给馅料提味才使用的蛋黄酱，也有的和 Mable 一样，为了让面包在烘烤时容易上色，会在外侧涂很薄的一层黄油。不过，面包内侧却是什么都不涂的，直接夹馅即可。

原因只有一个："不给面包增加多余的风味和口感。"对于羊味的面包和精心搭配的夹馅来说，蛋黄酱和黄油的香气和口味都太重了。

正因为重视整体感，所以更要关注这个减法。自己在家做三明治的时候一定要尝试一下"刚出炉 & 不要黄油"的做法。

Grilled

这款没有酱汁！

马苏里拉奶酪
+
咖喱酱
+
煮鸡蛋
+
培根
+
菠菜

美式胡椒三明治

加入了很多自制腌牛肉，搭配用盐搓过的圆白菜，增加清甜爽利的口感。想要充分体会腌牛肉的鲜美，用胡椒+盐代替酱汁是关键。

马苏里拉奶酪
+
自制腌牛肉
+
圆白菜

大力水手的印度三明治

烤焦的培根和菠菜上涂了很多咖喱酱，再加上3片煮鸡蛋提升分量感。这款"饱腹感"很好的三明治也受到男性客人的喜爱。

专卖店的夹馅大公开！

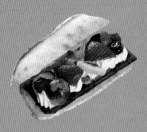

新鲜水果
+
打发奶油
+
排巧

布里奶酪
+
加入了葡萄干的南瓜泥
+
嫩菜汁
+
紫甘蓝
+
罗马生菜

水果巧克力三明治

排巧上挤满打发的奶油，再加上草莓、橙子、葡萄等5种新鲜水果搭配出的美味。推荐搭配法式面包或牛奶面包这种口味简单的品种。

三明治

布里奶酪和南瓜沙拉三明治

在甜甜的南瓜泥中加入葡萄干，进一步提升甜度。布里奶酪带有淡淡的咸味和苦味，加上紫甘蓝清爽的苦涩感，整体达到一个平衡，卖相也很美。

Sandwich

S a n d w i c h

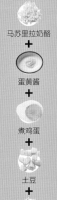

马苏里拉奶酪
＋
蛋黄酱
＋
煮鸡蛋
＋
土豆
＋
金枪鱼玉米粒

特制金枪鱼玉米三明治

在土豆中加入金枪鱼、玉米粒和煮鸡蛋，这些无人不爱的食材组合在一起，美味再不用说。酱汁可以选择自己喜欢的，推荐用蛋黄酱，它的味道不会影响其他食材，吃起来有沙拉的口感，很清爽。

马苏里拉奶酪
＋
番茄酱
＋
西蓝花
＋
1/2只香草烤鸡肉

诱人的番茄三明治

烤过的香草鸡肉和分小块焯水的西蓝花，还有自制的番茄酱，这些加在一起就是分量感十足，在 Mable 大受欢迎的三明治。加热后还带着淡淡的香草味道。

能选到喜爱面包的Croust'wich和凭借多彩酱汁散发魅力的Mable。
这里我们要把店里推荐的组合和馅料内容来一次全面的公开！

就是这个味道！

紫苏花穗
＋
半干番茄
＋
西式腌菜
＋
猪肉酱
＋
紫洋葱
＋
烤西葫芦

猪肉酱和烤西葫芦三明治

夹馅主要选择法国料理常见的开胃菜——猪肉酱，另外还选择了个性上不输给肉酱的烤西葫芦、西式腌菜、半干番茄、紫苏花穗等，各种香气丰富的食材打造出有层次的口感。

帕玛森奶酪
＋
番茄
＋
洋葱丝
＋
培根
＋
球生菜
＋
罗马生菜

BLT三明治

三明治的保留品种，培根＆球生菜＆番茄的组合适合所有面包。洋葱丝和大量帕玛森奶酪中再加入奶酪粉，提升整体的香味和饱腹感。

享受美味面包

一周食谱

大个的主食面包和长棍面包一冲动就买回来了，可是要怎么吃呢？

再喜欢吃面包，每天吃一样的面包也没意思……

这次我们为喜欢面包又有类似烦恼的你制作了一系列精选食谱。

教给购买了长棍面包和主食面包的你，如何美美地吃上一周。

首先就是
简单地
烤一下

食谱制作

佐佐木麻子

烹调专家。在英国公立专科学院学习时，曾在米其林餐厅 vege café 的后厨工作，走遍欧洲 40 多个城市探访美食。

星期一

吐司

加入樱桃番茄的鸡蛋卷

【材料】
樱桃番茄（对半切开）……10个
黄油……20 g
色拉油……1/2大勺
鸡蛋（打散，加入少许盐和胡椒）……4个

【做法】
❶ 平底锅加热，放入黄油熔化，再倒入色拉油。
❷ 加入鸡蛋蛋液和樱桃番茄在平底锅中轻轻混合。
❸ 煎到自己喜欢的程度就可以装盘了。

圆白菜培根汤

【材料】
洋葱（切丝）……1/2个
圆白菜（切碎）……2片
培根（切小块）……3片的量
灯笼椒（切成月牙形的小条）……1/2个
橄榄油……2小勺
水……300 mL
盐·胡椒……少许

【做法】
❶ 把锅烧热，放入橄榄油，将洋葱和圆白菜炒软。
❷ 加入培根、灯笼椒简单炒一下加水煮沸。
❸ 加入盐和胡椒调味。

菠菜蘑菇沙拉

【材料】
沙拉专用菠菜……1捆
蘑菇（切薄片）……1/2包
（酱汁）
EXV橄榄油……1.5大勺
白葡萄醋……1/2大勺
颗粒黄芥末酱……1/2小勺

【做法】
在搅拌盆里放入沙拉专用菠菜和蘑菇，再加入混合好的酱汁搅拌均匀。

买回来的面包如何保存？

面包师都推荐大家冷冻保存。如果冻得好，面包就能保持美味。将买回来的面包切分成每天吃的大小，每块都用保鲜膜包起来，再装入一个带拉链的保鲜袋里，写上日期，放入冰箱冷冻，一周之内吃完。

如何解冻更好吃？

冷冻的面包可以提前一天拿出来放在室温下化冻，或者转入冷藏室。烤之前喷点儿水湿润一下，再用小烤箱烤到合适的程度。如果特别介意面包掉渣，喜欢柔软口感的人，推荐用微波炉加热。

星期二

一吃就停不下来。

想涂多少涂多少，

面包的酱料，

3款适合搭配长棍

长棍面包 &
酱料

覆盆子果酱

【 材料 】
冷冻覆盆子……100 g
细砂糖……60 g
柠檬汁……1/8个的量

【 做法 】
❶ 把冷冻覆盆子和细砂糖放到锅里，用中高火
加热。
❷ 煮到自己喜欢的浓稠程度，加入柠檬汁调味
提亮。

牛油果沙司

【 材料 】
牛油果（去皮捣成泥）……1/2个
小酸橘汁……1/4个的量
樱桃番茄（每个切4瓣）……6个
盐……少许

【 做法 】
把所有材料加入搅拌盆里混合。

香草熏肝酱

【 材料 】
EXV橄榄油……1.5大勺
洋葱（切丝）……1/2个
鸡肝（切成一口大小，再用牛奶浸泡去除
腥味，把血清洗干净并沥干水）……350 g
※ 如果把其中1/3换成鸡心，口感会更柔和
肉桂……2片
朗姆酒……1大勺
白葡萄酒……75 mL
干百里香·干罗勒……各1小勺
盐·胡椒……适量
鲜奶油……100 g

【 做法 】
❶ 把锅加热，放入一半的 EXV 橄
榄油翻炒洋葱和鸡肝。
❷ 洋葱变软之后，加入肉桂、朗姆
酒和白葡萄酒煮沸。一直煮到水变少，
用盐和胡椒调味，稍微散热。
❸ 将❷和鲜奶油一起倒入料理机
中，再加入剩下的EXV橄榄油，
整体搅拌至细滑。

大虾水菜
三明治

星期三

【材料】
主食面包……4片
黄油……20 g
颗粒黄芥末酱……1大勺
水煮大虾……20只
柠檬汁……1/4个
蛋黄酱……1大勺
盐・卡宴辣椒粉……少许
水菜（切大片）……1/2捆

【做法】
❶ 在2片主食面包上涂黄油和颗粒黄芥末酱。
❷ 在搅拌盆里放水煮大虾和柠檬汁，腌制10分钟左右。用蛋黄酱和盐调味。
❸ 将❶中的1片主食面包放上水菜和一半的❷，撒上一些卡宴辣椒粉，再铺上一层水菜，盖上另一片主食面包。用保鲜膜包起来，轻轻压上一个重物，等夹馅比较稳定之后切开。

急切盼望午餐时间到来，
三明治便当怎么样？
稍稍加了一点儿
卡宴辣椒粉，
真是让人欲罢不能。

三明治

烤得刚刚好的热三明治，
里面是满满的微辣鹰嘴豆，
融化的奶酪让人着迷！

热三明治

微辣的热三明治

星期四

【材料】
主食面包……8片
黄油……15 g
大蒜（切碎）……1/2瓣
生姜（切碎）……1/4片
洋葱（擦泥）……1/4个
整个番茄（用手捣碎）……1/3罐

┌ 咖喱粉……1大勺
A│ 香菜・卡宴辣椒粉……各1小勺
└ 盐……少许

肉馅……200 g
水……1杯
鹰嘴豆（水煮）……1/3罐
比萨用奶酪……50 g

【做法】
❶ 把锅加热，将黄油熔解，加入大蒜和生姜炒香，直到变成褐色。加入洋葱、大蒜，炒软后再加入整个番茄。
❷ 加入A快速炒匀，放肉馅炒到半熟，加水和鹰嘴豆，一直加热到汤汁变少。
❸ 在一片主食面包上铺上1/4的❷和比萨用奶酪。盖上另一片主食面包，放入热三明治机烤香。

星期五

牛肉腌蔬菜Pinchos

【材料】
长棍面包（切厚片）……2片
白萝卜（切丝）……1/10根
胡萝卜（切丝）……1/3根
盐……少许
薄片牛肉（事先用10 g黄油煎好）……2片

Ⓐ酱汁
鱼露……1大勺
细砂糖……2小勺
柠檬汁……1/4个

【做法】
❶ 在搅拌盆中放白萝卜、胡萝卜、盐，腌制10分钟。出水后把水分沥干。
❷ 加入Ⓐ的酱汁搅拌。
❸ 在长棍面包上铺上❷和薄片牛肉，用插针固定。

Pinchos（串烧）

想要慢慢享受美食的周末时光，

配上漂亮的Pinchos，

我们来干杯吧！

这是一款能够搭配红酒的奢侈点心。

虾肉鱼糕Pinchos

【材料】
Ⓐ鱼糕
土豆（煮软后捣成泥）……1个
鲑鱼罐头……1/3罐
颗粒黄芥末酱……2小勺
柠檬汁……1/8个
意大利香芹·莳萝……根据喜好
盐·胡椒……少许

全蛋……1个
高筋粉……1大勺

蒸粗麦粉（按照说明蒸好备用）……30 g
色拉油……2小勺
长棍面包（切厚片）……2片
番茄……1/4个
盐……少许
EXV橄榄油……适量
沙拉用菠菜……适量
虾（撒上盐、胡椒，用1~2小勺橄榄油煎好）……2只

【做法】
❶ 将Ⓐ放入搅拌盆里混合，捏成一口大小的丸子。
❷ 按照高筋粉、全蛋、蒸粗麦粉的顺序把丸子裹好，放在铺好烘焙纸的烤盘上，涂色拉油，在预热到200℃的烤箱里烤15分钟。
❸ 长棍面包用番茄蹭一下，加盐和EXV橄榄油调味，铺上一片沙拉用菠菜。把❷和虾放在上面用插针固定。

黄油烤青花鱼番茄 Pinchos

【材料】
长棍面包（切厚片）……2片
青花鱼（切一半，撒盐腌15分钟）……1/2条
高筋粉……1大勺
胡椒粉……少许
橄榄油……1大勺
番茄（切成半月形）……1/4个
盐·EXV橄榄油·意大利香芹……适量

【做法】
❶ 把青花鱼的水分蘸干，撒上胡椒粉，裹薄薄的一层高筋粉。
❷ 把锅加热，倒入橄榄油，把❶煎至两面上色。
❸ 在长棍面包上放❷，再放一块番茄。根据喜好用盐和EXV橄榄油调味。最后装饰意大利香芹，用插针固定。

简单Migas

【材料】
长棍面包（切成一口大小）……1/2根
EXV橄榄油……1大勺
大蒜（切碎末）……1瓣
洋葱（切小块）……1/2个
灯笼椒（切小块）……1/2个
整个番茄（用手捣烂）……1/2罐
火腿（切块）……2片
盐·胡椒·干罗勒……少许

【做法】
❶ 在平底锅里加EXV橄榄油和大蒜加热，炒出香味后加洋葱、灯笼椒一起炒。
❷ 加入切好的长棍面包，翻炒均匀后加入整个番茄。
❸ 加火腿，把所有食材混合后，撒盐、胡椒和干罗勒。

把面包炒着吃的西班牙料理，变硬的面包和冷冻面包都可以变得很好吃。别看是一道快手菜，配料丰富绝对让你大满足！

星 期 六

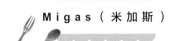
Migas（米加斯）

星 期 日

可以睡到自然醒的周日，早、午饭一定要吃点儿甜的。让面包吸饱巧克力！

奶 油 烤 巧 克 力

棉花糖烤热巧克力

【材料】
长棍面包（切成一口大小）……1/2根
热巧克力（在加热的300 mL牛奶中融化50 g巧克力制作而成）……2杯
棉花糖……20个
肉桂粉……根据喜好加量

【做法】
❶ 在搅拌盆里加入长棍面包，用热巧克力浸泡。
❷ 把❶倒入耐热容器中，在预热到200℃的烤箱里加热10分钟。放上棉花糖，再加热5分钟。
❸ 棉花糖熔化之后，取出容器，根据个人喜好撒上肉桂粉。

"从面包烤好那一刻，它就已经开始老化，味道慢慢变差了。想让面包的美味多留住一些时间，关键就是买回来当天就要好好保存起来。"初级面包顾问坂口 Motoko 女士在自己家里开了一间面包教室"mi casa tu casa"，每天都要烘焙各种面包的坂口，在面包保存方面的铁则就是"不吃的部分要马上放入冷冻室"。

"干燥和变硬是面包口味变差的主要原因，而放进冷冻室就是防止面包变质最好的办法。"

相反地，最不适合保存面包的就是冷藏室。容易干燥的环境夺走了面包的水分，冷藏室的温度（约 4℃）会让面包变硬。此外，面包容易吸收气味，冰箱里放着各种食物，对于保存都是不利因素。

"当然，冷冻室也不是万能的，会引起结霜和干燥。因此，如果只是装在面包店给的纸袋或塑料袋里，保存效果会减半。一定要用保鲜膜一个个小心地包起来，再放入密封袋。用'双重保护'阻断气味和干燥，这样做的话，刚烤好的味道可以保持两周左右。"

如何更好地
冷冻和解冻
面包

这道程序可以留住美味

无法马上吃完的面包，放在冰箱冷冻室里，可以长时间保存美味。下面就介绍一下冷冻保存和解冻的诀窍，还有适合冷冻面包的特制食谱。

想要保持美味，就要尽快放进冷冻室

初级面包顾问
坂口Motoko女士

坂口巧妙地用面包幻变出一道道菜肴。稍微下点儿功夫，保存的面包也可以超美味

这 是 关 键

冷 冻 保 存

例1

最重要的就是立刻冷冻保存

例2

如果是加了黄油和鸡蛋的主食面包

如果是面团中加了黄油和鸡蛋等辅料的面包，在室温下保存会很容易干燥，而且容易发霉。因此不能马上吃完的部分就要一片一片用保鲜膜包起来，再装入冷冻专用密封袋放进冷冻室

如果是简单的法式面包

法式面包和乡村面包这种不加黄油和鸡蛋的面包，烤好后6小时到半天味道就开始变差了。买回来之后要马上切开，用保鲜膜包起来，装入冷冻专用密封袋放进冷冻室。面包切得太薄容易流失水分，所以要记得切厚点

这 是 关 键

冷冻面包可以直接烹调

解 冻 方 式

例1

法式面包就要增加一道工序

法式面包比较容易流失水分，直接放进小烤箱的话会变得很硬。因此烤的时候要先用铝箔纸整个包起来加热5分钟，整体变热之后把铝箔纸取下来再加热。还可以用喷壶喷点儿水

例2

主食面包直接放进烤箱

主食面包如果放在室温下很快就能变得像原先一样松软了，如果想用小烤箱加热，就不用解冻，直接烤就可以了。提前预热的话，就能烤出表皮松脆、内心松软的效果

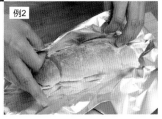

容易干燥的面包边
也能变得香脆可口

奶油烤水果
面包

丶 要点!

主食面包不完全浸泡在蛋
液里，吃起来口感会比较
特别，更有层次。热吃凉
吃都很美味

【 材料 】

主食面包……1片　　　香草荚……3 cm（没有也OK）
鸡蛋……1个　　　　　自己喜欢的水果（罐头和水果干也OK）
砂糖……15 g　　　　　糖粉……适量
蜂蜜……15 g
牛奶……125 mL

【 做法 】

❶ 鸡蛋打散，加入砂糖、蜂蜜和牛奶混合均匀。
❷ 把香草籽从香草荚里取出来，加到❶里面。
❸ 将主食面包分成16等份，摆在耐热器皿当中，再把❷倒进去，把自
　 己喜欢的水果也摆好。
❹ 烤盘里洒一些水，在预热到160℃的烤箱里烤大约25分钟，出炉后
　 根据喜好撒上糖粉。

【 材料 】

长棍面包……切成3 cm长的面包块6枚　　黄油……2大勺
鸡蛋……1个　　　　　　　　　　　　　橙皮碎……少量
牛奶……80 mL　　　　　　　　　　　　糖粉……适量
新鲜挤出来的橙汁……约120 mL　　　　枫糖浆……适量
　（1个左右）

【 做法 】

❶ 鸡蛋打散，与牛奶、新鲜挤出来的橙汁混合。
❷ 将长棍面包在❶中浸泡，直到吸饱汁水。
❸ 平底锅里放黄油加热，放入❷煎至两面焦黄。
❹ 放入预热到180℃的烤箱烤15分钟，让长棍面包变脆。
❺ 根据喜好撒上糖粉、橙皮碎和枫糖浆。

加入橙汁的风味
存放面包也能吃得很豪华

法式面包
~甜橙~

丶 要点!

冷冻面包要放10分钟以
上，蛋液才能完全渗进去。
烤之前还要轻轻抓着两边
检查蛋液是否已经完全泡
好了

放在冷冻室里被遗忘的面包，
"直接吃的话有点儿……"
这种时候变换一下思路就能
获得一道美味菜肴。

食谱

利用冷冻面包刚刚好的硬度
可以轻松切薄片制作面包干

蒜香奶酪
面包干

`、 要点! `

长棍面包在冷冻状态下切片，不会裂也不会碎就能切得很薄。切的过程中面包就回到了室温，所以用多少取多少就好

特制

让冷冻面包

吃起来很美味的

【 材料 】

长棍面包……选自己喜欢的种类，想吃多少做多少
大蒜……1片
奶酪选自己喜欢的（奶酪片或帕尔玛干酪等都可以）……适量
辣椒粉……适量（没有也行）

【 做法 】

① 将冷冻的长棍面包切成2 mm~3 mm厚的薄片，在预热到150℃的烤箱里加热10分钟。
② 用大蒜在面包的切面来回蹭，增加香气。
③ 在②的面包上铺奶酪，撒少许辣椒粉。同样是150℃烤10分钟，奶酪熔化就算是做好了。

◆◆◆◆◆◆◆◆◆◆◆◆◆◆

【 材料 】

主食面包……2片　　小香葱……1根　　芫荽、甜辣酱……根据喜好
蛋白……1个的量　　盐·胡椒……少许
虾肉……100 g　　紫苏叶……1片
鱼露……1大勺　　淀粉……少许

【 做法 】

① 虾肉用刀切碎敲成泥，小香葱和紫苏叶切碎。
② 把主食面包以外的所有材料和①一起放入搅拌盆，搅拌均匀。
③ 将主食面包沿对角线切两刀，取一小片涂满②。
④ 在平底锅里多放一些油（材料之外）加热，将③从有虾肉的一面开始煎，两面都煎至金黄色。
⑤ 装盘撒上一些芫荽，可根据自己的喜好蘸甜辣酱吃。

有点儿硬的面包
再多的虾肉泥都很好涂开

虾肉吐司

`、 要点! `

虾肉泥涂得很多也能吃出正宗的东南亚风味。有点儿硬的冷冻面包和存放了比较久的面包很适合做

主食面包的简单美味搭配法

因为简单味道才更有层次感的主食面包
我们向东京屈指可数的人气面包店学到了超美味的吃法！

面包师们都
这么吃！

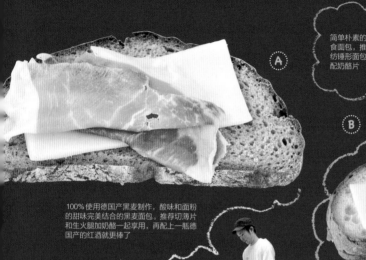

简单朴素的德国主食面包，推荐德国纺锤形面包切片搭配奶酪片

TOKYO FREUNDLIEB
福井

100%使用德国产黑麦制作，酸味和面粉的甜味完美结合的黑麦面包。推荐薄片和生火腿加奶酪一起享用，再配上一瓶德国产的红酒就更棒了

Schomaker
清水

Bäckerei Himmel
金长

德国果仁面包切片用小烤箱烤脆，放上一块黄油。黑麦和坚果的香味与浓郁的黄油就是绝配，让人吃了上瘾

 Schomaker
东京都大田区北千束
1-59-10
☎03-3727-5201
营业时间：9:00~18:00
休息日：周一
就餐区：无

 TOKYO FREUNDLIEB
东京都涩谷区广尾5-1-23
☎03-3473-2563
营业时间：9:00~19:00，
周日・节日9：00~18:00
休息日：周三，每月第四个
　　　周四
就餐区：无

 Bäckerei Himmel
东京都大田区北千束
3-28-4
☎03-6431-0970
营业时间：7:30~19:30
休息日：周二
就餐区：有

Grune Bäckerei
东京都世田谷区大原
2-17-15
☎03-3324-5562
营业时间：10:00~20:00，
周六・节日~19:00
休息日：周日
就餐区：无

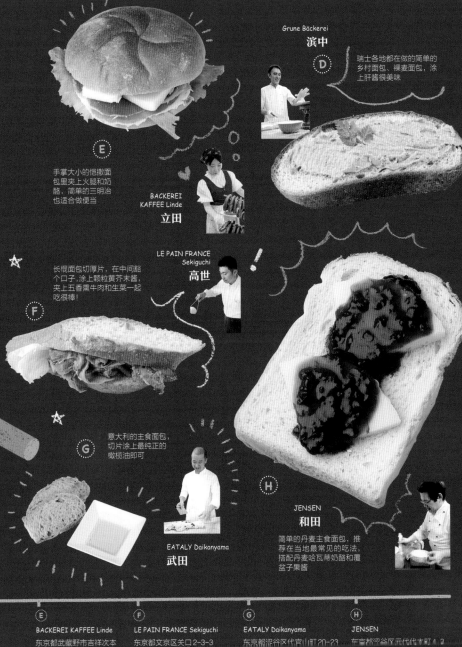

Grune Bäckerei
滨中
D

瑞士各地都在做的简单的乡村面包、裸麦面包，涂上肝酱很美味

E

手掌大小的恺撒面包里夹上火腿和奶酪，简单的三明治也适合做便当

BACKEREI KAFFEE Linde
立田

LE PAIN FRANCE
Sekiguchi
高世

F

长棍面包切厚片，在中间豁个口子，涂上颗粒黄芥末酱，夹上五香熏牛肉和生菜一起吃很棒！

G

意大利的主食面包，切片涂上最纯正的橄榄油即可

H

JENSEN
和田

EATALY Daikanyama
武田

简单的丹麦主食面包，推荐在当地最常见的吃法，搭配丹麦哈蒂瓦奶酪和覆盆子果酱

E **BACKEREI KAFFEE Linde**
东京都武藏野市吉祥寺次本町1-11-2
☎0422-23-1412
营业时间：10:00~20:00，就餐区 19:30（末次点单 19:00）
休息日：无休
就餐区：有

F **LE PAIN FRANCE Sekiguchi**
东京都文京区关口2-3-3
☎03-3943-1665
营业时间：8:00~18:00（末次点单 17:45），
周日·节日~17:00（末次点单 16:45）
休息日：无
就餐区：有

G **EATALY Daikanyama**
东京都涩谷区代官山町20-23
☎03-5784-2730
营业时间：卖场 10:30~21:30，咖啡馆 10:00~21:30，店内就餐区 11:00~21:00（末次点单）（工作日 15:30~17:30 休息）
休息日：周一

H **JENSEN**
东京都涩谷区元代官山町4-2
☎03-3465-7843
营业时间：6:50~19:00，周六~16:00
休息日：周日、节日
就餐区：无

全国美味 面包大集结

无论如何都要邮购品尝一次的面包

全国各地有很多美味的面包店。
有的店用好喝的水来烤面包，还有的店用当地特有的食材做面包，
每家店都有自己独特的个性。
只可惜全都亲自去一趟也不现实，那邮购到家品尝一下怎么样？

※标题栏中写的订购方法，H是官网，T是电话，F是传真，M是电子邮件。支付方法，邮是邮政汇款，银是银行转账，代是货到付款，卡是信用卡，便是便利店结算。货到付款的手续费另付，此为自编者截稿日起，日本国内的购买方式，其他国家的购买方式和价格请查询实时信息。

Sun's Drop

秋田县

店里的面包都使用有机葡萄干培养的自制酵母，水是本地涌出的地下水，豆馅是用自种小豆做的。只要条件允许，都会使用本地食材制作面包。

秋田县鹿角市十和田毛马内字下阵场60-1
☎0186-35-5828
营业时间：11:30~18:30　休息日：周一、周二
订购方法：F/M
支付方法：邮（保鲜宅急送）

太阳的收获

加了很多水果干和核桃的奢侈款面包，切薄片当点心吃也不错

无花果核桃面包

面包加了很多干的无花果和核桃，不用烤，切薄片吃就好

贝果U

宫城县

店主在美国邂逅贝果，希望自己店里的贝果能重现纽约留学时自己最喜欢的那个味道。经过反复的试验，终于做出了现在店里的口感湿润又很Q弹的贝果。

宫城县仙台市太白区富泽4-8-47
☎022-743-9181　营业时间：9:00~19:00
休息日：周一，每月第四个周二
订购方法：H　支付方法：代

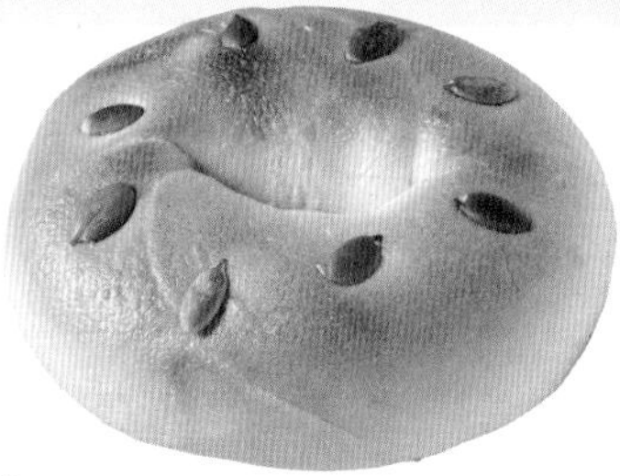

南瓜奶酪蛋糕贝果

这款贝果用放了很多南瓜的奶酪蛋糕做馅儿，就跟吃奶酪蛋糕一个样

酸面种贝果

小麦种和干酵母并用，在日本，这种使用天然酵母、带有酸味的贝果不多见

Au fournil du bois

宫城县

使用精选的面粉、水和自制的天然酵母，制作简单且容易保存的乡村面包。截至编者截稿日，面包都按照1 g=1日元的价格在销售。

宫城县仙台市太白区钩取本町1-17-21
☎ 022-399-6588　营业时间：11:00~17:00
休息日：周二、周三
订购方法：H　支付方法：银/代

乡村面包

黑麦酵母和小麦乡村面包。有一些酸味，便于搭配各种餐食。可以蘸着菜肴的汤汁享用，也可以做三明治，是一款万能面包

无花果黑麦面包

100%黑麦面包，酸味少，很湿润。推荐搭配蓝奶酪和蜂蜜吃

古川一郎商店

石川县

开展邮购是为了通过面包把自然资源丰富的能登宣传给更多的人。尽量使用本地食材，让人咬上一口眼前就出能登半岛优美的自然风光。

石川县珠洲市饭田町11-148
☎ 0768-82-0542　营业时间：11:00~17:00
休息日：周日、周一
订购方法：H　支付方法：邮/银/代/卡

能登牛奶面包

面包里一滴水都不用，全部都是味道醇厚的能登牛奶制作的主食面包。连面包皮都很湿润柔软，还带有牛奶天然的甘甜

梦幻本地大豆"大滨大豆"面包

被称为梦幻大豆的奥能登·珠洲地区的本地大豆"大滨大豆"制成豆浆加入面团当中，浓醇朴素的味道是这款面包最大的魅力

Zopf

千叶县

店里销售的面包有300种之多，深受不同年龄层的喜爱。每天要烤好几次，卖的都是新鲜出炉的面包。邮购的种类也很丰富，一边纠结一边挑选也是一种乐趣。

千叶县松户市小金原2-14-3
☎ 047-343-3003　营业时间：6:30~18:00
休息日：无休（有夏季歇业和冬季歇业）
订购方法：H　支付方法：邮/银/代

豆沙主食面包

把豆沙揉进面团的主食面包。馅料入口即化，和组织细密的面包特别相配。根据不同的季节还会推出小仓小豆馅、茶馅、豌豆馅等

酸奶黑麦包（中）

Zopf自创的做法，用酸奶代替面包种，香味很柔和的一款黑麦面包

recette

东京都

这间邮购专门店的目标就是"提高面包的价值"。水和小麦粉都使用上好的货品，对于整个制作工艺都是一丝不苟，不允许丝毫的马虎。

东京都世田谷区池尻2-4-5 IID内102·103
☎ 03-3418-0067　营业时间：9:00~17:00
休息日：周六、周日、节日
订购方法：H　支付方法：代/卡

ATTO主食面包3斤

只用小麦粉、水和盐制作的极简面包，没有加入太多食材，经过长时间的熟成，让简单的食材变得超级美味

ATTO香草面包

面团使用了最高级的香草籽和泽西牛乳制作的鲜奶油

Levain d'or

店里面包使用的都是自家种植的小麦、黑麦、小豆和栗子，外加自制天然酵母。天然酵母让小麦本身的甜味能够释放出来，可以放心给孩子吃。

岐阜县中津川市千旦林 1356
☎ 0573-68-2879 营业时间：10:00~18:00
休息日：周二、周三
订购方法：H/T/F 支付方式：邮/银/卡/便

天然酵母乡村面包

黑麦搭配自家种植的小麦做的全麦粉，使用自制葡萄干酵母发酵，制作出口味质朴的乡村面包。可以切厚片用小烤箱加热吃，也可以泡在汤里吃

天然酵母Melange

使用无核小粒葡萄干和核桃制作的主食面包，有淡淡的甜味，口感很糯

Cultivateur

"就像在大地上耕种的农夫"，面包店开在湖边，店主夫妻俩利用木质校舍拆下来的木头自己盖了房子。

岐阜县中津川阿木 2664-270
☎ 0573-63-3707 传真：0573-63-2887
营业时间：10:00~18:00面包售罄就会关门
休息日：周三、周四
订购方法：F 支付方法：代

农夫面包组合

用酸奶酵母制作的30% 全麦粉面包和加入了有机水果干的面包。可以购买单品

基督史多伦

德国特色的圣诞节点心，从11 月末到12 月末限时销售，切薄片吃

DASENKA 幸田本店

店铺以有机食材为中心，制作安心、安全的面包。手工搭建的石窑，所有的燃料都是从当地大山里砍的柴。面包用柴火燃烧后的余热烤制，外皮焦脆，里面松软弹糯。

爱知县额田郡幸田町大字菱池字樱塚 174
☎ 0564-63-3273 营业时间：10:00~18:30
休息日：周一、周二
订购方法：T/F/H/发布会 支付方法：银

DASENKA

加入了牛奶和两种有机葡萄干的人气No.1面包。使用北海道产的ORIGINAL BLEND 小麦，搭配自制的水果酵母制作而成

Dasha

面包里加了麦芽糖泡过的伊予柑橘皮和有机核桃。口感清爽，甜而不腻

335BAKERY MahaloMaharo

店主自学制作面包的技术，店里有各种特色鲜明的面包，最多的就是店主最爱的夏威夷风格。Mahalo在夏威夷语里是谢谢的意思。

静冈县伊东市富户 908-111-106
☎ 0557-51-6427 营业时间：10:00~售完为止
休息日：周三
订购方法：H/T/F
支付方法：邮/银/代

夏威夷面包

根据夏威夷风情制作的面包，里面夹了奶油奶酪、菠萝和柑橘。夏季可以先冷冻，半解冻状态下享用很像冰激凌

卡蒙贝尔奶酪长面包

Boulangerie Rauk

京都府

店主出生长大的住处周边没有面包店，因为总听到大家说"想吃好吃的面包"，所以就开了这家店。这里可以品尝到正宗法式面包的味道。

京都府京都市下京区西洞院七条上福本町422-2
☎075-361-6789
休息日：周四
订购方法：H/T/F　支付方法：邮/代

豆乳主食面包

京都独有的一款主食面包。和面用的是京都老字号豆腐店制作的浓稠的鲜豆浆，吃起来湿润软糯

苹果红茶面包

使用伯爵红茶和自制天然酵母，面团中还加入了青森产的苹果

火之谷石窑面包工房

三重县

使用三重县产的小麦NISINOKAORI，尾鹫海洋深层水盐、美杉天然泉水、火之谷天然酵母，材料基本都是本地产的。尽量贴近自然味道的石窑面包。

三重县津美杉町八和6121
☎059-272-1102　营业时间：9:00~21:00
休息日：无休（销售面包仅限每周三周六，所有商品都要预订购买）
订购方法：H/T/F　支付方法：H)邮/银/代/卡/便T)邮/银/代

Pane Italiano

这款面包的酸味吃起来很舒服，适合搭配各种餐食，和日本菜也很配。搭配金平牛蒡和煮羊栖菜之类的小菜竟然出乎意料的可口

黑麦面包

这款面包使用45%的黑麦，酵母是德国产火之谷啤酒所用的酵母，柔和的口味能让小麦粉本身的风味最大限度地发挥出来

面包工房 穗[ippo]

大阪府

使用安心、安全的食材，制作有益于健康的面包。使用AKO酵母制作的面包，能发挥出食材原本的味道，每天吃都不会腻。

大阪府吹田市古江台1-7-4
☎06-6832-8014
营业时间：烤面包的周一和周五
订购方法：H/F
支付方法：邮/代

味贝果

感软糯的贝果，能品尝出麦粉的甜味和纯正的香。推荐切开用小烤箱加热用

葡萄丁面包棒

面包里加入了葡萄干、无核小粒葡萄干、绿葡萄干等3种葡萄干和腰果

COSECHA

京都府

"COSECHA"在西班牙语里是"收获""收割"的意思。店铺使用四季的蔬菜、水果等制作纯天然风味的面包。

京都府京都市左京区一乘寺站释迦堂町33-2
☎075-791-5291
营业时间：9:00~19:00
休息日：周二、周三
订购方法：H/T/F　支付方法：邮

全麦粉主食面包

无农药大米制作的米饭和曲子一起制作的酵母，小麦、水和盐制作的简单面包。用小烤箱加热，面包心特别软糯

丹波产大纳言颗粒豆馅面包

京都丹波产的大纳言小豆用细砂糖和洗双糖来煮，甜度适中的自制馅料很可口

PANNELL

店主的理想就是开一家"让大家都称赞的美味面包店"，他一丝不苟地研究面包制作中的每一道工序。店里销售的面包种类很多，深受各个年龄层食客的喜爱。

兵库县宝塚市小林5-9-73
☎ 0797-76-2987
营业时间：9:00~17:00（总店一麦馆：6:00~19:00）
休息日：周日（仅限周一临时休息）
订购方法：T/M/F
支付方法：邮/银/代

山形主食面包

口感与米饭相近的主食面包。软糯蓬松的主食面包，连面包皮都很软很可口。推荐用小烤箱加热吃或制作三明治

天然酵母Japan

使用天然酵母发酵烘焙，面包切开的瞬间就感觉香气扑鼻，口感也很弹糯

ameen's oven

使用自制酵母，所有的辅材都是有机栽培，可追溯源头。除了葡萄酵母以外，店里根据不同的面包还会使用酒种材料制作的酵母。

兵库县西宫市若松町6-18-101
☎ 0798-70-8485　营业时间：11:00~19:00
休息日：每月的第一个和第三个周日
订购方法：H/T/F
支付方法：邮/银/代/卡

伊予柑橘吐司

用爱媛县产的甜菜糖腌制伊予柑橘，加到了面包里。清爽的甜味让人欲罢不能，用小烤箱加热，涂上黄油享用吧!

无花果核桃面包

加了无花果和核桃的面包。甜甜的水果干，适合搭配口感浓郁的奶酪和红酒

Durian

1950年创始的面包老店，现在和当时一样还在使用天然酵母和日本国产小麦，并用石窑烤制面包。简单的面包代代传承至今。

广岛县广岛市南区堀越2-8-22
☎ 082-285-3235　营业时间：8:00~19:00
休息日：周一、周二
订购方法：H/T/F
支付方法：邮/代/卡（T·F）代

乡村面包

原料只有小麦粉、黑麦粉、盐和水。小麦经过发酵，释放出黑糖一样的香气，这是一款吃起来像蛋糕的乡村面包

加入核桃的黑麦面包

原料只有小麦、黑麦、盐和核桃。烤过的黑麦粉散发着黄豆粉一样的香气

Les 3 boules

主食面包专卖店，只选用经过各种比较和反复尝试的食材。面包制作中的每一个环节都不放松，一个个主食面包在满满的爱里诞生。店铺的粉丝遍布全日本。

兵库县姬路市龟山2-161-1-103
☎ 079-233-3935　营业时间：9:00~19:00
休息日：周日，每月第二个周一
订购方法：H/F
支付方法：银/代/卡

XO主食面包

供应名流的高级主食面包，严选食材和特殊的制法打造出独一无二的口感和味道。还加入了埃及女王克娄巴特拉和杨贵妃都吃过的珍珠粉

布里欧修主食面包

只选用奥丹产व的雏鸡生的蛋的蛋黄，每个面包需要15~20个蛋黄

我乐房

佐贺县

老板之前是个陶艺家，后来为了家人开始烤面包。用柴火将石窑加热到接近800℃，再利用石头的余热烘焙面包，所以就算是超大个的面包也能烤得很完美。

佐贺县唐津市相知町楠175
☎ 0955-63-4492
营业时间：10:00~18:00
休息日：周一、周二、周三、周四
订购方法：T/F/M　支付方法：代
作为礼品时需要和店里沟通

烟熏面包

使用荞麦、全麦粉、黑糖制作的一款很紧实的面包，用山樱的树枝熏烤，可以像吃Canapé一样来吃

幡随院长兵卫

基本款的主食面包，带有一点点黑芝麻的风味，也可以铺上奶酪和蔬菜，像吃比萨一样享用

PAYSAN

爱媛县

因为是手工砖窑烤制的，具有远红外线的效果。面包外皮松脆，里面湿润，吃起来很质朴也很强大。店家尽量选择纯天然的食材，用自制天然酵母制作面包。

爱媛县今治市吉海町本庄477
☎ 0897-84-4016
营业时间：只有每周四的11:00~17:00
订购方法：H/T/F
支付方法：邮/银/代

PAYSAN

仅使用小麦、酵母、盐和砂糖制作的主食面包。口感湿润Q弹，只有砖窑才能烤出这样的感觉

葡萄干核桃面包

大量使用有机核桃和葡萄干，还加入了40%的全麦粉。可以涂上奶油奶酪来吃

宗像堂

冲绳县

立志成为陶艺师的老板因为一次偶然的机会开始烘焙面包，他陶醉在制作面包的乐趣当中，开了这家与众不同的店铺。

冲绳县宜野湾市嘉数1-20-2
☎ 098-898-1529
营业时间：11:00~18:00
休息日：周一
订购方法：H
支付方法：邮/银/代

香蕉面包

只能在冲绳吃到的一款面包。黑糖面团中加入了核桃、葡萄干、减农药香蕉。面包吃起来口感很湿润，用烤箱稍加热后，香蕉会变软，特别好吃

塞布丽娜

使用伊江岛产的全麦粉，面团中加入了白葡萄干。表面撒了迷迭香和粗粒砂糖

当你梦到南阿苏的时候

熊本县

整个店铺的装修材料都是木质的，和阿苏的自然环境融为一体。在大自然中享用天然酵母面包和葡萄酒。原材料全部选择熊本县产的小麦、盐和黄油等。

熊本县阿苏郡南阿苏村河阳3765
☎ 0967-67-2056
营业时间：9:00~19:00（12月至次年2月~18:00）
休息日：周四
订购方法：T/F
支付方法：邮/代

山葡萄面包

面包里加了大量的山葡萄，推荐切薄片涂上奶油奶酪来吃，和葡萄酒也很配

乡村面包

法国的乡村面包，越嚼越能品尝出小麦质朴的味道。制作三明治也不错

面 包 用 语 集

制作面包时会遇到很多专业名词，
如果碰上不清楚的词可以
先看看这一页。

主编：石泽真依子

【折叠面团】
面团冷却后将油脂包进去折叠，擀成2 mm~3 mm
的薄片，反复折叠几次的一种面包制法。丹麦酥
和牛角面包等的面团就属于这种。

【可塑性油脂】
辅材。一种黏土状的油脂，在谷蛋白表面形成一层膜，提高面团延展性，
让面包更柔软。黄油、植物黄油、起酥油、大油等都属于这一类。

【箱内膨胀】
放在烤箱里开始加热，面团开始膨胀。发酵中
产生的二氧化碳气泡受热还会越发膨胀，从而
抻拉谷蛋白的外膜，让
面包胀得更高。

胀产生的压力，让面包的大小变得差不多，还
能让外观看起来更加匀称漂亮。

【切口】
放进烤箱之前，在面团表
面开口，可以降低烤制时内部膨

【外壳】
面包的外皮，经过烤制会干燥变硬，随着时间
推移会变软一点儿。如果不包装直接摆在外面，
还会再次变硬。

【内心】
面包里面的部分，水分含量比较多，吃起来很
软糯。气泡的分布决定了面包的口感。

【谷蛋白】
小麦粉所含的蛋白质与水结合产生的物质。高
筋粉和低筋粉的区别，就是面粉中能生成谷蛋
白的蛋白质含量的多少。谷蛋白拥有弹性和黏
着性，能让面包烤得更加蓬松。

【酒种法】
木村屋总本店自创的日本特有的面包制法。使
用制作日本清酒的原料的米曲制作酒种，原来
是用在点心上的，烤出来的面包有种特别的香
味，皮薄心软是最大的特色。

【酸面种法】
用无法形成谷蛋白的黑麦粉制作面包，人们为
了提升口感就想到了这个办法。用黑麦粉和水

混合，经过数日制作面
包种。由于富含酵母
和乳酸菌，因此烤出
来的面包会有独特的风
味和酸味。德国面包大多是这
种制法。

烤面包，法式面包等就属于这个类型。

【自然发酵种】
也有人把它叫作发酵种，使用谷物或水果等自
己在家培养面包酵母或乳酸菌的种。有黑麦酸
面种、酒种、果实种等很多种类。稳定性比较
高的是葡萄干和酸奶等。

【直接烤】
像比萨饼一样直接放在烤盘上烤的面包就叫直

【直接法】
直接揉面法。可以说是最基本的面包制作方法，
将所有的材料一次性混合，发酵时间比较短，
材料的特性更容易在面包上体现出来。做出的
面包比较Q弹也很软糯。面团的发酵程度和材
料的配比直接对面团产生影响，所以要注意调
整。面包老化会比较快。

【烤制】
指把面团放进烤箱烤，这个步骤是制作面包最
后的重要一步，也直接决定了面包的品质。

【刮板】
整理、分割面团用的
工具，有不锈钢材质
的，也有树脂的。

【成形】
面团的最终整形，影响口感的气泡状态也可以通过这一步进行调整。

【一次发酵】
指材料混合后到分割面团之前的发酵，酵母产生二氧化碳，气泡膨胀，气泡外面包裹的谷蛋白让面团胀大。此外，面包酵母和乳酸菌产

【中种法】
也叫海绵法，用面粉、面包酵母和水制作一个发酵种，将它作为中种使用。用于中种的面粉应该是总量的50%以上，一般需要发酵1~5个小时，之后再加入剩下的材料开始揉面。虽然比较费时费力，但是能提高谷

用量、发酵温度和发酵时间。

【排气】
排出面团里的气体，一次发酵当中，为了提高面团的弹性，要反复折叠面团。新的空气进入可以提高酵母的活性，促进发酵。此外还可以去掉大气泡，气泡的状态是可以通过排气强度调整的。

的方式和酵母不同。

【松弛时间】
分割面团、简单整形后让面团休息的时间。是发酵的一个环节，可以提升面团的延展性。松弛的时间根据谷蛋白的强度和面团的大小调整。观察面团表面没有紧绷感了就可以进入最后一步成形了。

【软系】
使用鸡蛋、黄油、砂糖、牛奶等辅料比较多的面包。主要是为了增加甜度和蓬松感，不过很多软系面包单独吃就很美味了，比如牛角面包、布里欧修等。

生特殊的香味和风味也是在这个阶段，发酵温度太高的话面包酵母会死掉，所以要控制好温度慢慢进行。

【二次发酵】
也叫最终发酵，指的是放进烤箱之前的发酵。通过这一步可以提升烤制面团的延展性，也能烤得更均匀。温度设定要比一次发酵高一点儿。

蛋白的延展性，让面包胀得更大，同时获得松软的口感和特别的风味，还能延缓面包的老化。这种做法在日本也是大型面包厂的主流做法。

【面包酵母】
专门培养出来制作面包的酵母。发酵过程中能生成二氧化碳让面包膨胀，鲜酵母发酵能力比较强，将鲜酵母干燥就制成了干酵母，还有不需要预备发酵的速发干酵母等。要注意把握

【夹馅】
面包里包的馅料。

【分割】
使用刮板将一整块面团分割成适当重量的小面团，注意不要伤到面团。

【泡打粉】
让面包和点心变大的一种膨胀剂，它产生气体

【混合】
将制作面包的必要食材进行均匀混合，形成谷蛋白之后再充分揉和面团，这一步决定了面团的性质，根据不同的制法，需要调整混合的时间。

【硬系】
主要使用面粉、面包酵母、水和盐制作的面包，辅料很少。适合搭配菜肴一起享用的主食面包。如法式面包等。

【老面法】
代替酵母，将事先做好的面团作为发酵种，加到新面团里，这是制作中华馒头的传统方法。

PAN NO KISOCHISHIKI

© EI Publishing Co.,Ltd. 2012

Originally published in Japan in 2012 by EI Publishing Co.,Ltd.

Chinese (Simplified Character only) translation rights arranged with
EI Publishing Co.,Ltd. through TOHAN CORPORATION, TOKYO.

图书在版编目（CIP）数据

面包的基础知识 / 日本株式会社枻出版社编；黄晔
译. — 北京：北京美术摄影出版社，2020.12
ISBN 978-7-5592-0372-4

Ⅰ. ①面… Ⅱ. ①日… ②黄… Ⅲ. ①面包—制作
Ⅳ. ①TS213.21

中国版本图书馆CIP数据核字 (2020) 第133779号

北京市版权局著作权合同登记号：01-2018-1947

责任编辑：耿苏萌
助理编辑：于浩洋
责任印制：彭军芳

面包的基础知识
MIANBAO DE JICHU ZHISHI

日本株式会社枻出版社　编

黄　晔　译

出　版　北 京 出 版 集 团
　　　　北京美术摄影出版社
地　址　北京北三环中路6号
邮　编　100120
网　址　www.bph.com.cn
总发行　北京出版集团
发　行　京版北美（北京）文化艺术传媒有限公司
经　销　新华书店
印　刷　广东省博罗县园洲勤达印务有限公司
版印次　2020 年 12 月第 1 版第 1 次印刷
开　本　880 毫米 × 1230 毫米　1/32
印　张　6.25
字　数　176 千字
书　号　ISBN 978-7-5592-0372-4
审图号　GS（2020）2988 号
定　价　79.00 元

如有印装质量问题，由本社负责调换
质量监督电话　010-58572393